Hans Grum, Gisela Stautner, Martin Wurdack, Alfons Ziller

Fit im Fleischer-Fachgeschäft

Lernfeldorientierte Fachbildung für Fleischer/-innen, Lernfelder 6–13, Arbeitsheft

1. Auflage

Bestellnummer 5876

westermann

Druck: westermann druck GmbH, Braunschweig

service@westermann-berufsbildung.de
www.westermann-berufsbildung.de

Bildungshaus Schulbuchverlage Westermann Schroedel Diesterweg Schöningh Winklers GmbH, Postfach 33 20, 38023 Braunschweig

ISBN 978-3-8045-**5876**-2

westermann GRUPPE

VORWORT

Liebe Auszubildende,

dieses Arbeitsheft versteht sich als Begleitmaterial zum Schulbuch „Lernfeldorientierte Fachbildung für Fleischerinnen und Fleischer“ (BN 5874) aus der Reihe „Fit im Fleischer-Fachgeschäft“.
Die darin enthaltenen Arbeitsblätter greifen die praxisorientierten Lernsituationen aus den Kapiteln der Lernfelder 6–13 auf.
Die Arbeitsblätter sollen Ihnen Unterstützung bei der eigenständigen Bearbeitung der beruflichen Aufgabenstellungen leisten und Ihnen dabei den Erwerb von beruflicher Handlungskompetenz (Fach-, Selbst- und Sozialkompetenz) ermöglichen.
Anhand von Leitaufgaben, die sich an den Stufen der vollständigen Handlung orientieren, erarbeiten Sie sich die wesentlichen Lern- und Ausbildungsinhalte eigenverantwortlich und wenden das Gelernte beim Lösen des konkreten Handlungsauftrages der Lernsituation an.
Jeweils am Ende der Lerneinheit finden Sie Aufgaben und Rätsel, mit denen Sie das erworbene Wissen auf vielfältige Weise wiederholen und vertiefen können.

Bitte beachten Sie folgende Icons am Rand der Arbeitsblätter:

STUFEN EINER VOLLSTÄNDIGEN HANDLUNG

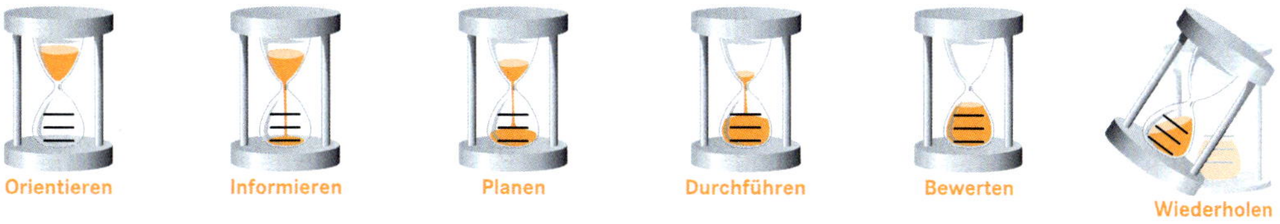

BEARBEITUNGSHINWEISE

Füllen Sie bitte aus.

Schreiben Sie bitte auf einem gesonderten Blatt.

Kreuzen Sie bitte an.

Zur besseren Lesbarkeit wurde für Personen meist die männliche Schreibform verwendet; sie gilt analog auch für weibliche Personen.

2. Ausbildungsjahr

Lernfeld 6
Beurteilen und Zerlegen von Rind

Lernfeld 7
Herstellen von Roh- und Kochpökelwaren

Lernfeld 8
Herstellen von Kochwurst

Lernfeld 9
Herstellen von Brühwaren

3. Ausbildungsjahr

Lernfeld 10
Herstellen von Rohwurst

Lernfeld 11
Herstellen von verzehrfertigen Produkten

Lernfeld 12

Gewinnen von Rohstoffen, Herstellen von Gerichten und besonderen Fleisch- und Wurstwaren

Lernfeld 13

Beraten von Kunden, Planen von Veranstaltungen, Verpacken von Produkten

Name: **Klasse:** **Datum:**

Das Ladenfleisch Ihrer Fleischerei entspricht nicht mehr Ihren Anforderungen. Sie sollen gemeinsam mit Ihrem Meister nach neuen Lieferanten suchen. Was muss man beim Einkauf von Rindfleisch beachten?

Orientieren

Informieren

A Klassifizierung

Nach der Schlachtung werden die Körper der Rinder klassifiziert. Die Klassifizierung erfolgt nach folgenden Kriterien:

Kategorie	
	Wie stark sind die Muskeln ausgeprägt?

a) Kategorie

Für die Kategorien stehen folgende Möglichkeiten zur Verfügung:
(Bitte beachten Sie die mitlerweile eingetretene Änderung bei der Bezeichnung von Kalbfleisch und Jungbullenfleisch.)

Bezeichnung	Kategorie	Beschreibung
V		Rinder von bis zu acht Monaten
	Jungrindfleisch	

b) Fleischigkeit

Die Fleischigkeit wird mit den Buchstaben ☐ ☐ ☐ ☐ ☐ und zusätzlich den Zeichen +, 0 und – gekennzeichnet.

Dabei steht das ☐ für die beste Fleischigkeit.

Zur Einstufung in die Handelsklassen für die Fleischigkeit betrachtet man folgende Teilstücke:

Teilstück	Beschreibung bei Handelsklasse E

Stufen Sie folgende Keulen und Querschnitte durch die Hochrippe in die Fleischigkeitsklassen ein.

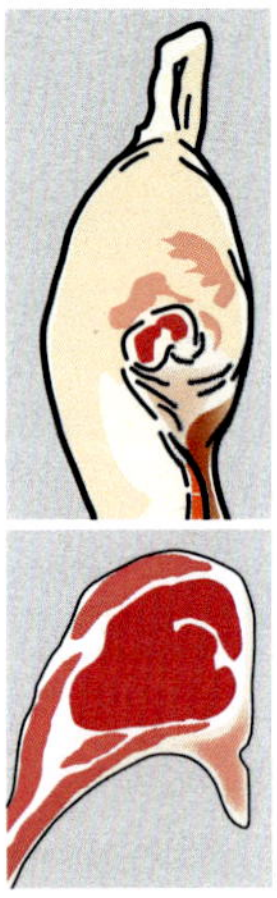	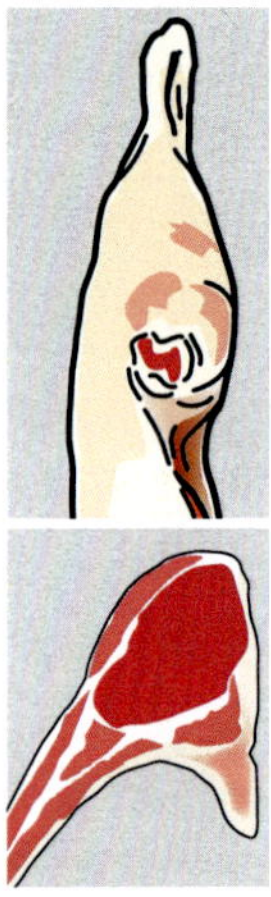	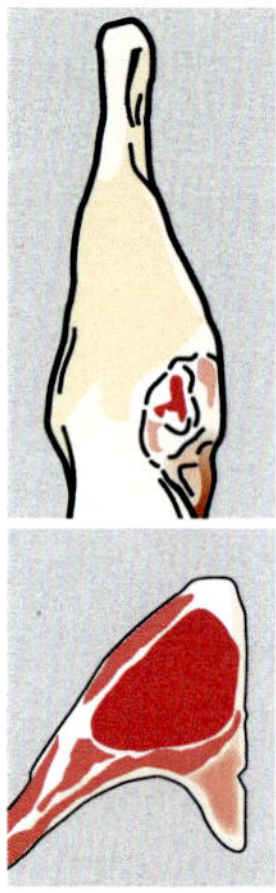	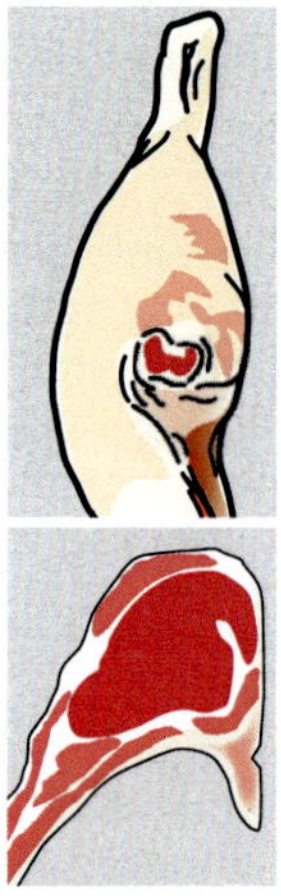	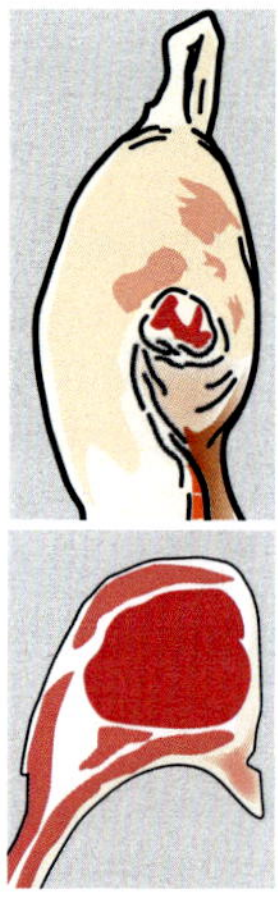
Handelsklasse Fleischigkeit	Handelsklasse Fleischigkeit	Handelsklasse Fleischigkeit	Handelsklasse Fleischigkeit	Handelsklasse Fleischigkeit

c) Fettabdeckung

An letzter Stelle der Kennzeichnung von Rinderhälften folgt die Handelsklasse für die Fettabdeckung.

Sie wird mit den Ziffern ☐ ☐ ☐ ☐ ☐ und zusätzlich den Zeichen +, 0 und – gekennzeichnet.

Dabei steht die ☐ für die geringste Fettabdeckung.

Zur Einstufung in die Handelsklassen für die Fettabdeckung betrachtet man folgende Teilstücke:

Teilstück	Beschreibung bei Handelsklasse 4
Muskulatur mit Ausnahme von Hinterviertel und Schulter	

Name: .... **Klasse:** .... **Datum:** ....

Beispiele für die Kennzeichnung von Rinderhälften:

Klassifizierung	Bedeutung
V R + 20	V = ... R + = gute bis sehr gute .... 20 = geringe ....
C P + 1 +	[ ] = ... [ ] = ... [ ] = ...
....	[ ] = Färse [ ] = vorzügliche Fleischigkeit [ ] = sehr starke Fettabdeckung
....	[ ] = Jungrind [ ] = mittlere bis geringe Fleischigkeit [ ] = mittlere bis geringe Fettabdeckung

B Warenannahme

a) Altersbestimmung

Das Alter des Tieres hat großen Einfluss auf die Eigenschaften des Fleisches.
Fleisch von alten Tieren ist:

- ....
- ....
- ....
- ....

An folgenden Merkmalen kann man bei einem Rinderviertel abschätzen, wie alt das Tier vor der Schlachtung war:

Merkmale	junges Tier	altes Tier
Knorpel	....	....
Knochenfarbe	....	....
....	....	....
....	....	....

b) Geschlechtsbestimmung

Das Geschlecht des Rindes wirkt sich auf den Fleischgehalt und die Fleischeigenschaften aus.

Männliche Rinder haben eine .... Fleischigkeit. Ihr Fleisch ist .... und ....

Geschlecht: ....

Begründung: ....

....

....

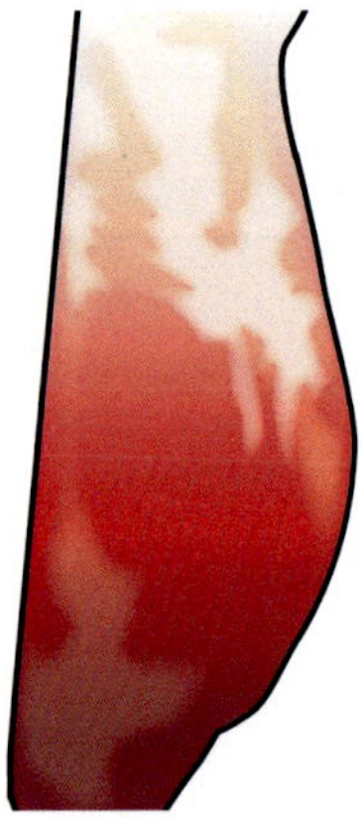

Geschlecht: ....

Begründung: ....

....

....

Geschlecht: ....

Begründung: ....

....

....

....

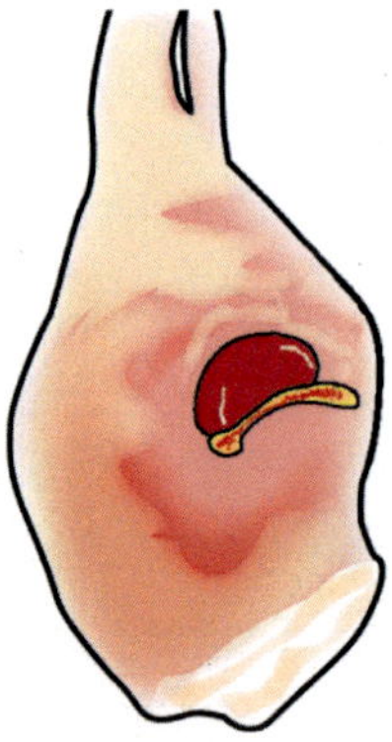

Geschlecht: ....

Begründung: ....

....

....

....

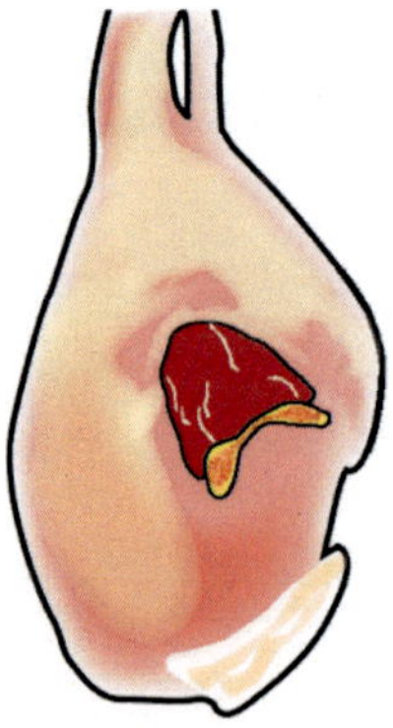

Name: .... **Klasse:** .... **Datum:** ....

Planen

1. Ermitteln Sie, wie viel Rindfleisch Ihr Betrieb benötigt.
2. Legen Sie die Kriterien fest, nach denen Sie Ihren künftigen Rindfleischlieferanten beurteilen können.
3. Erstellen Sie eine Checkliste, mit der Sie die Ware bei der Anlieferung überprüfen können.

Durchführen

1. Verfassen Sie eine Anfrage an verschiedene mögliche Lieferanten.
2. Wählen Sie aus den eingegangenen Angeboten den Lieferanten aus, der Ihre Anforderungen am besten erfüllt.
3. Führen Sie mithilfe Ihrer Checkliste die Warenannahme durch.

Bewerten

Beurteilen Sie Ihr Vorgehen nach der Warenannahme.
- Sind Sie mit dem ausgewählten Lieferanten zufrieden?
- Entspricht die Fleischqualität Ihren Anforderungen?
- Ist Ihre Checkliste dafür geeignet, dass eine andere Person damit sicher eine mangelhafte Lieferung erkennt?

Wiederholen

1. Kreuzworträtsel

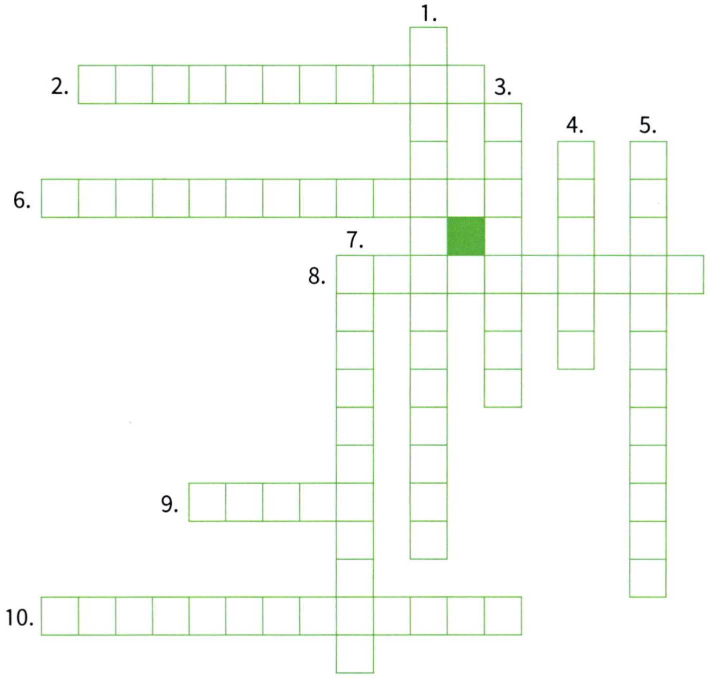

Waagerecht
2. Körperteil, das bei der Fettgewebsklasse 4 deutliche Fettansätze zeigt
6. Fleisch mit der Kategoriebezeichnung „C“
8. Fleisch mit der Kategoriebezeichnung „D“
9. Körperteil, an dem man die Fleischigkeitsklasse ablesen kann
10. Kriterium, das in der Kennzeichnung an dritter Stelle steht

Senkrecht
1. Erkennungsmerkmal, an dem man das Geschlecht einer Rinderhälfte ablesen kann
3. Körperteil, das bei der Fleischigkeitsklasse R ziemlich gut entwickelt ist
4. Wörtliche Bedeutung der Fettgewebsklasse 2
5. Eigenschaft einer Rinderhälfte, an der man das Alter des Tieres abschätzen kann
7. Fleisch mit der Kategoriebezeichnung „V“

Wiederholen

2. Sie bestellen bei einem Lieferanten vier Färsenhälften mit einem Gesamtgewicht von 750 kg für 2,98 €/kg netto. Der Lieferant gewährt 6 % Rabatt und bei Zahlung innerhalb von zehn Tagen 2 % Skonto. Wie viel Euro kosten die Färsenhälften, wenn Sie die gesetzliche Mehrwertsteuer berücksichtigen?

3. Für das Weihnachtsgeschäft bietet Ihnen Ihr Lieferant Kälberhälften für 3,65 €/kg netto an. Bei der Abnahme von 1 500 kg gewährt er 10 % Rabatt. Bei Zahlung innerhalb von zehn Tagen dürfen Sie 3 % Skonto abziehen.

a) Wie viel Euro kostet Sie 1,0 kg Kälberhälfte brutto, wenn Sie weniger als 1 500 kg einkaufen?

b) Wie viel Euro kostet Sie 1,0 kg Kälberhälfte brutto, wenn Sie mindestens 1 500 kg einkaufen?

4. Berechnen Sie in der folgenden Tabelle die fehlenden Werte.

	a	b	c	d	e
Listenpreis	220,00 €	€	€	3 500,00 €	€
Rabatt	15 %	25 %	23 %	%	15 %
Rabatt	€	€	€	€	5,20 €
Preis nach Abzug des Rabatts	€	€	€	2 500,00 €	€
Skonto	3 %	%	5 %	%	3 %
Skonto	€	7,00 €	%	€	€
Preis nach Abzug des Skontos	€	75,00 €	500,00 €	2 200,00 €	€

5. Sie benötigen wöchentlich 1 200 kg Rindervorderviertel und erhalten Angebote von zwei Großhändlern.
Lieferant A bietet die Viertel für 3,10 €/kg netto an. Bei Abnahme von 1 000 kg wöchentlich gewährt er 8 % Rabatt, das Skonto beträgt 3 %.
Lieferant B fordert 2,90 €/kg netto, er gewährt keinen Rabatt, aber 2 % Skonto.

Welcher Lieferant macht das günstigere Angebot?

6. Sie kaufen 500 kg Rinderhinterviertel für 3,60 €/kg ein. Nach dem Zerlegen erhalten Sie 52,0 kg Dünnung, die Sie in Ihrer Kalkulation mit 1,40 €/kg ansetzen.

a) Wie viel Prozent des Gesamtgewichtes macht die Dünnung aus?

b) Wie viel Euro kostet Ihren Betrieb 1,0 kg Pistole?

7. Eine benachbarte Fleischerei möchte bei Ihnen wöchentlich 250 kg Rinderpistolen beziehen. Für Rinderhinterviertel berechnen Sie 3,75 € netto. Die Dünnung macht 9,8 % des Hinterviertels aus und wird mit netto 1,20 €/kg veranschlagt.

a) Wie viel Kilogramm Hinterviertel müssten Sie für diese Fleischerei zuschneiden?

b) Wie viel Kilogramm Dünnung würden anfallen?

c) Wie viel Euro müssen Sie für 1,0 kg Rinderpistole netto berechnen?

d) Wie viel Euro beträgt der Bruttopreis?

Name: ………… Klasse: ………… Datum: …………

Die Fleischreifung ist beim Rindfleisch besonders wichtig für die optimale Fleischqualität. Sie sollen einer Bekannten die Zusammenhänge zwischen Fleischreifung und den Fleischeigenschaften erklären.

Orientieren

Informieren

A Lebender Muskel

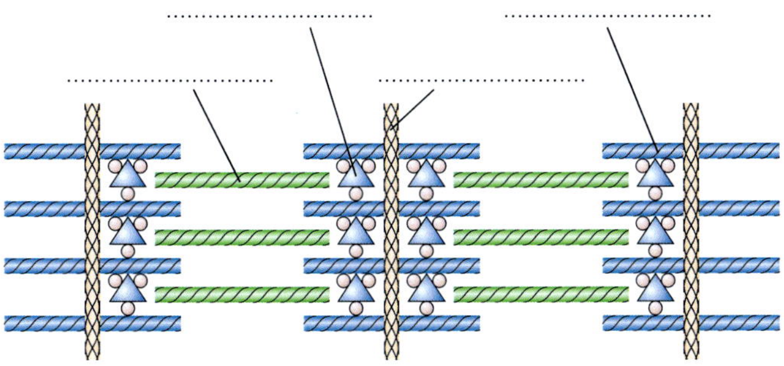

Eiweißstruktur im

………………………… Muskel

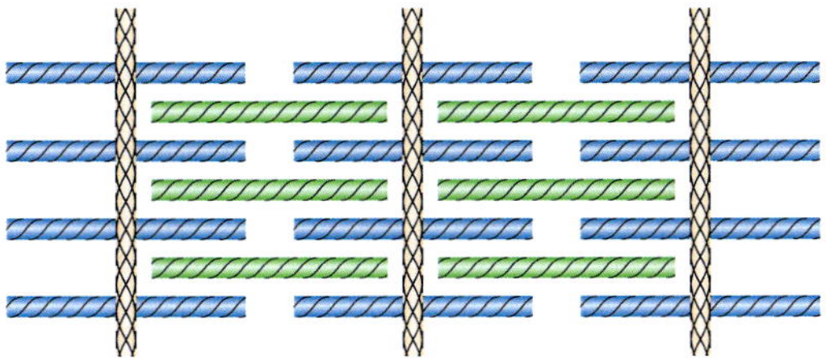

Wenn das ATP aus dem Muskel entweicht,

…………………………………………………

…………………………………………………

…………………………………………………

B Toter Muskel

Zeitpunkt	Vorgang	Was passiert im Muskel?
	Schlachtung	Die Steuerung der Vorgänge wird „ausgeschaltet“.
dauert etwa 24 Stunden	…………………… ……………………	Der Muskelzucker wird zersetzt. Dabei entsteht …………………… Der pH-Wert ……………………
1 Tag nach der Schlachtung	…………………… ……………………	Das ATP zerfällt. Aktin und Myosin …………………… ……………………
…………………… nach der Schlachtung	Reifung	…………………… …………………… …………………… ……………………
…………………… ……………………	Verderb	……………………

C Veränderung der Fleischeigenschaften

Eigenschaften von schlachtwarmem Fleisch		Begründung
pH-Wert	....	
Geruch/Geschmack	☐ fade und leer ☐ kräftig ☐ typisch ☐ ekelerregend	
Biss	☐ sehr zart ☐ zart ☐ zäh	....
Farbe	☐ kräftig rot ☐ rotviolett ☐ rotbraun ☐ braun	
Wasserbindung	☐ hervorragend ☐ sehr gut ☐ gut ☐ schlecht ☐ sehr schlecht	....
Haltbarkeit	☐ sehr gut ☐ gut ☐ gefährdet	....

Eigenschaften von Fleisch in der Totenstarre		Begründung
pH-Wert	....	....
Geruch/Geschmack	☐ fade und leer ☐ kräftig ☐ typisch ☐ ekelerregend	
Biss	☐ sehr zart ☐ zart ☐ zäh	....
Farbe	☐ kräftig rot ☐ rotviolett ☐ rotbraun ☐ braun	....
Wasserbindung	☐ hervorragend ☐ sehr gut ☐ gut ☐ schlecht ☐ sehr schlecht	....
Haltbarkeit	☐ sehr gut ☐ gut ☐ gefährdet	....

Name: .... *Klasse:* .... *Datum:* ....

Eigenschaften von gereiftem Fleisch		Begründung
pH-Wert	....	....
Geruch/Geschmack	☐ fade und leer ☐ kräftig ☐ typisch ☐ ekelerregend	....
Biss	☐ sehr zart ☐ zart ☐ zäh	....
Farbe	☐ kräftig rot ☐ rotviolett ☐ rotbraun ☐ braun	....
Wasserbindung	☐ hervorragend ☐ sehr gut ☐ gut ☐ schlecht ☐ sehr schlecht	....
Haltbarkeit	☐ sehr gut ☐ gut ☐ gefährdet	....

Eigenschaften von verdorbenem Fleisch		Begründung
pH-Wert	....	....
Geruch/Geschmack	☐ fade und leer ☐ kräftig ☐ typisch ☐ ekelerregend	....
Biss	☐ sehr zart ☐ zart ☐ zäh	....
Farbe	☐ kräftig rot ☐ rotviolett ☐ rotbraun ☐ braun	....
Wasserbindung	☐ hervorragend ☐ sehr gut ☐ gut ☐ schlecht ☐ sehr schlecht	....

D Fehlerhafte Reifung

a) DFD-Fleisch

Eigenschaften von DFD -Fleisch:

D Dark = ...

F .... = ...

D .... = ...

Typischer Verlauf des pH-Werts (bitte ergänzen Sie den Verlauf des pH-Wertes bei DFD-Fleisch):

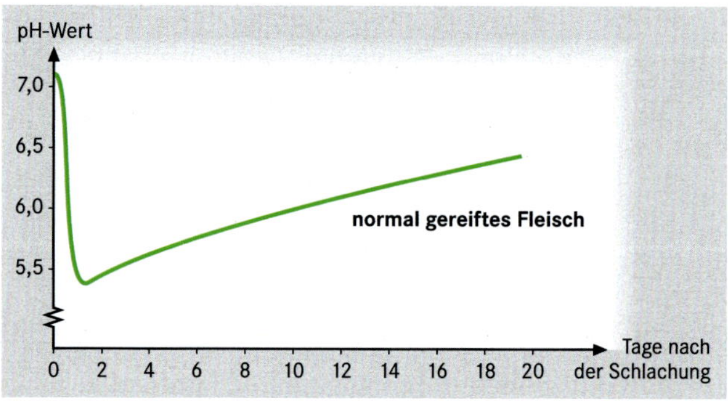

Ursachen für DFD-Fleisch:

- ....
....
- ....
- ....
....

Verwendung von DFD-Fleisch:

....

b) PSE-Fleisch

Eigenschaften von PSE-Fleisch:

P Pale = ...

S .... = ...

E .... = ...

Typischer Verlauf des pH-Werts (bitte ergänzen Sie den Verlauf des pH-Wertes bei PSE-Fleisch):

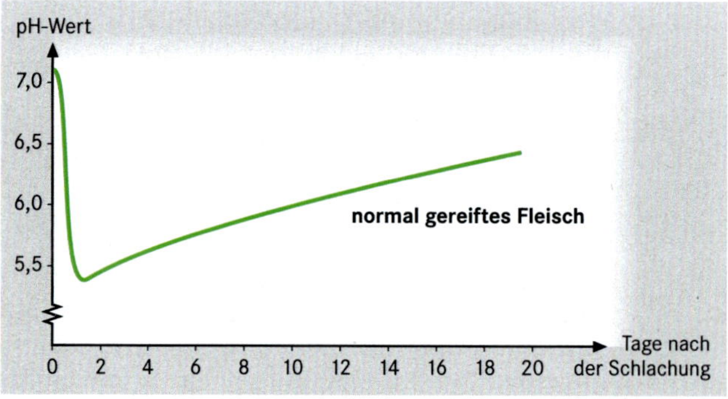

Ursachen für PSE-Fleisch:

- ....
- ....
- ....

Verwendung von PSE-Fleisch:

....

....

Name: .... *Klasse:* .... *Datum:* ....

c) Stickige Reifung

Eigenschaften von stickig gereiftem Fleisch:

- ....
- ....

Ursachen für die stickige Reifung:

- ....
- ....
  ....

Verwendung von stickig gereiftem Fleisch:

....

....

d) Kälteverkürzung (Cold shortening)

Eigenschaften von kälteverkürztem Fleisch:

- ....
- ....

Ursachen für die Kälteverkürzung:

....

....

Verwendung von kälteverkürztem Fleisch:

- ....
- ....
  ....

Überlegen Sie, wie man den Vorgang, die Einflussfaktoren und die Auswirkungen der Fleischreifung in einem Schaubild so darstellen kann, dass ein Kunde sie schnell erfassen kann.

Planen

Erstellen Sie eine Übersicht über die Fleischreifung.

Durchführen

Bitten Sie Ihre Familie, einen Auszubildenden aus dem ersten Lehrjahr oder einen Bekannten, diese Übersicht kritisch zu betrachten.

- Hat derjenige die Zusammenhänge ohne weitere Erklärungen verstanden?
- Könnte er einer anderen Person die Bedeutung der Fleischreifung erklären?

Bewerten

2 FLEISCHREIFUNG ERKENNEN

Wiederholen

1. Suchen Sie in dem Buchstabengitter nach acht Wörtern, die mit der Fleischreifung zu tun haben, und erläutern Sie diese kurz auf einem gesonderten Blatt.

M	W	T	O	T	E	N	S	T	A	R	R	E
I	A	Y	O	K	F	P	G	S	F	E	Q	W
L	S	I	G	L	U	T	A	M	A	T	G	J
C	S	K	E	A	U	A	Z	R	J	S	E	O
H	E	E	G	I	O	C	P	G	H	H	N	P
S	R	Y	L	P	O	T	M	O	T	E	Z	C
A	B	H	Y	N	P	O	P	S	E	U	Y	P
E	I	D	C	T	A	M	M	E	O	R	M	T
U	N	B	O	R	N	Y	Y	M	L	M	E	C
R	D	K	L	H	H	O	P	H	B	D	H	S
E	U	E	Y	F	C	S	N	F	S	G	P	K
B	N	R	S	F	L	I	E	T	L	G	N	B
F	G	R	E	N	H	N	N	R	A	N	A	B

2. In Ihrem Betrieb werden wöchentlich 50,0 kg Roastbeef ausgelöst. Beim Reifen verliert dieses Fleisch insgesamt 4,5 kg. Wie viel Prozent beträgt der Reifeverlust?

3. Sie lösen ein Filet aus. Es wiegt 3,2 kg. Nach drei Wochen Reifezeit wiegt es nur noch 2,8 kg. Wie viel Prozent beträgt der Verlust?

4. Sie lassen eine 6,8 kg schwere Hochrippe zehn Tage lang reifen. Dabei gehen 4,2 % des Gewichts verloren. Wie viel Kilogramm wiegt die gereifte Hochrippe?

5. In der Kalkulation setzt Ihre Fleischerei für 1,0 kg Roastbeef 11,80 € an. Um den Reifeverlust zu verringern, verpackt Ihre Fleischerei das Roastbeef unter Vakuum. Wenn Sie unter herkömmlichen Bedingungen 6,0 kg Roastbeef unverpackt reifen ließen, wog es nach der Reifung 5,5 kg. Durch das Reifen unter Vakuum wird der Verlust in Zukunft nur noch 2,5 % betragen.

a) Wie viel Prozent betrug der Reifeverlust beim unverpackten Roastbeef?

b) Wie viel wiegt ein 6,0 kg schweres Roastbeef nach der Reifung, wenn man es vakuumverpackt?

6. Sie kaufen 30,0 kg ungereiftes Rinderfilet für 15,00 €/kg ein. Beim Reifen gehen 8 % verloren.

a) Wie viel wiegt das gereifte Filet?

b) Wie viel Euro müssen Sie in Ihrer Kalkulation für 1,0 kg gereiftes Filet ansetzen, wenn Sie den Reifeverlust ausgleichen möchten?

7. Eine Gaststätte bestellt bei Ihrer Fleischerei 30,0 kg gereiftes Roastbeef. Sie rechnen mit einem Reifeverlust von 9 %. Das ungereifte Roastbeef kostet 12,30 €/kg.

a) Wie viel Kilogramm frisches Roastbeef müssen Sie für diese Bestellung reifen lassen?

b) Wie viel Euro müssen Sie für das gereifte Roastbeef in der Kalkulation ansetzen, damit der Reifeverlust ausgeglichen ist?

Name: .... **Klasse:** .... **Datum:** ....

Sie sollen sich auf die fachgerechte Zerlegung einer Rinderhälfte vorbereiten. Welche Schnittführungen gibt es, wie bezeichnet man die Fleischteile fachgerecht, wie müssen die Abschnitte sortiert werden?

Orientieren

Informieren

A Fleischteile der Rinderhälfte

Benennen Sie die Fleischteile und tragen Sie die Ziffern in die Abbildung ein.

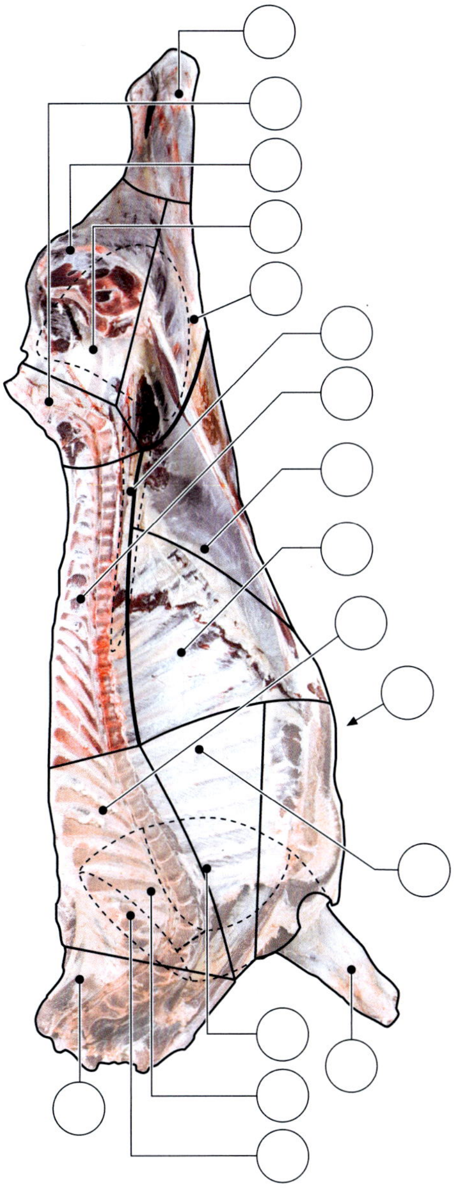

	Bezeichnung nach DLG	Bezeichnung in meinem Betrieb
1	....	....
2	....	....
3	....	....
4	....	....
5	....	....
6	....	....
7	....	....
8	....	....
9	....	....
10	....	....
11	....	....
12	....	....
13	....	....
14	....	....
15	....	....
16	....	....
17	....	....

B Feinzerlegung der Keule

Benennen Sie die Fleischteile und tragen Sie die Ziffern in die Abbildung ein.

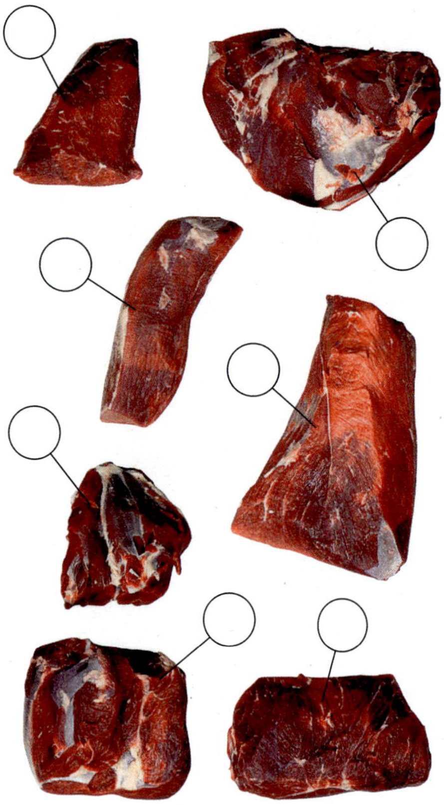

	Fleischteil nach DLG	Fleischteile aus der Feinzerlegung
1	Schwanzstück	....
2		....
3		....
4		....
5	....	....
6	....	....
7	....	

C Die beliebtesten Fleischteile aus dem Vorderviertel

Benennen Sie die Fleischteile und nennen Sie ein Gericht, das man daraus zubereiten kann.

	Bezeichnung nach DLG	Gericht
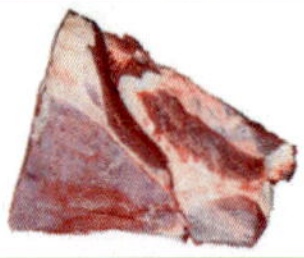	....	....
	....	....
	....	....
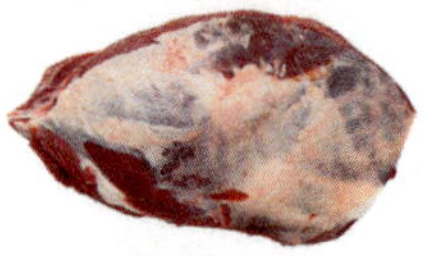	....	....
	....	....

Name: .... **Klasse:** .... **Datum:** ....

D Die beliebtesten Fleischteile aus dem Hinterviertel

Benennen Sie die Fleischteile und nennen Sie ein Gericht, das man daraus zubereiten kann.

	Bezeichnung nach DLG	Gericht aus diesem Fleischteil
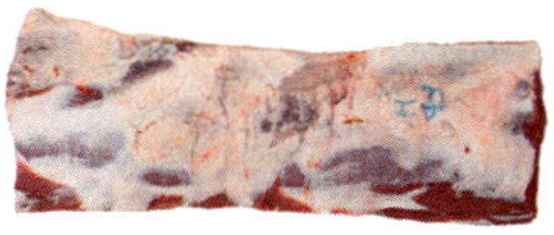		

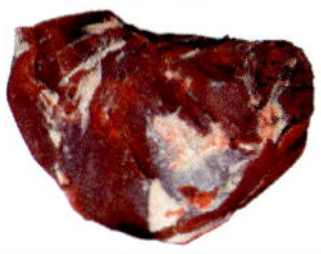		

E Rindfleischetikettierung

Welche Informationen können Sie diesem Etikett entnehmen?

Saserra Fleisch AG,
35812 Kamsstadt

Schlachtnummer:	Schlachtgewicht:	Schlachttag:
7822	342,7 kg	2007-05-08

DE-02-2005-BLES0343-9

Kategorie/HKL/FS	Geburt/Mast/Schlachtung/Zerlegung	
C E 1 Bulle	geboren in:	Frankreich (F)
	gemästet in:	Deutschland
	geschlachtet in:	Deutschland
	zerlegt in:	Tschechien (CZ)

Artikel:	Ident-Nr.:
Keule	DE0298534711

geprüft durch FLEISCHPRÜFRING BAYERN e.V.

0514826810000086&DE0298534711

Obligatorische Angaben auf dem Etikett

Sonstige Angaben

Planen

Bereiten Sie sich darauf vor, eine Rinderhälfte zu zerlegen.
- Entscheiden Sie sich für eine Schnittführung.
- Bereiten Sie Unfallschutzmaßnahmen vor.
- Erstellen Sie ein Hygienekonzept für diesen Arbeitsschritt und die Lagerung.

Durchführen

1. Zerlegen Sie eine Rinderhälfte, schneiden Sie die einzelnen Fleischteile sauber zu und benennen Sie die Fleischteile.
2. Sortieren Sie die anfallenden Abschnitte.

Bewerten

Beurteilen Sie Ihre Arbeit nach folgenden Gesichtspunkten:
- Sauberkeit des Zuschnitts
- Anteil der Abschnitte
- Geschwindigkeit
- Wirksamkeit Ihrer Hygiene- und Arbeitsschutzmaßnahmen

Wiederholen

1. Berechnen Sie in der folgenden Tabelle die fehlenden Werte.

	a	b	c	d	e
Durchschnittspreis	5,75 €/kg	5,66 €/kg	€/kg	€/kg	6,55 €/kg
Bewertungsaufschlag	75 %	%	60 %	%	%
Bewertungssatz	%	%	%	189 %	%
Bewertungsfaktor		1,95			
Kilopreis	€/kg	€/kg	10,48 €/kg	15,94 €/kg	7,46 €/kg

2. Sie haben für Rindfleisch einen Durchschnittspreis von 6,20 €/kg errechnet. Für die Oberschale können Sie im Laden höchstens 13,80 €/kg verlangen. Wie hoch ist der Bewertungsfaktor?

3. Rindervorderviertel mit einem Gesamtgewicht von 1 200 kg werden zu einem Preis von 3,28 €/kg angeboten. Für den Einkauf und die Zulieferung setzt der Betrieb pro Kilogramm Einkaufsgewicht 0,09 €, für das Zerlegen 0,32 € Gemeinkosten an. Beim Zerlegen fallen 21 % Knochen und Sehnen an, beim Lagern gehen 5,6 % Gewicht verloren.

   a) Wie viel kostet 1,0 kg Fleisch durchschnittlich im Verkauf, wenn die Vertriebsgemeinkosten 31 %, der Gewinn 3,5 % und die Mehrwertsteuer 7 % betragen?

   b) Was muss eine Kundin für 650 g Brustspitze bezahlen, wenn der Bewertungssatz 120 % beträgt?

4. Ein Fleischer kauft am Großmarkt Rinderhinterviertel. Die Viertel wiegen insgesamt 1 590 kg und kosten 4,34 €/kg. Für den Einkauf und die Zulieferung setzt er pro Kilogramm Einkaufsgewicht 0,10 €, für das Zerlegen 0,35 € Gemeinkosten an. Beim Zerlegen fallen 25 % Sehnen und Knochen an, beim Lagern gehen 6,8 % Gewicht verloren.

   a) Wie viel kostet 1,0 kg Fleisch durchschnittlich im Verkauf, wenn die Vertriebsgemeinkosten 23 %, der Gewinn 1,8 % und die Mehrwertsteuer 7 % betragen?

   b) Was muss ein Kunde für 750 g Kugel bezahlen, wenn der Bewertungsfaktor 1,8 beträgt?

Orientieren

Informieren

Name: ………………………… **Klasse:** ……………… **Datum:** ………………

Die Fleischqualität ist ein wichtiges Argument, mit dem sich eine handwerkliche Fleischerei von ihren Mitbewerbern abgrenzen kann. Nachdem sich in letzter Zeit die Beschwerden von Kunden gehäuft haben, soll ein Katalog an Kriterien erstellt werden, anhand dessen Sie die Qualität von Rindfleisch beurteilen können.

A Qualität erkennen

Qualitätsmerkmal	Anforderungen der Kunden
Geschmack	…………………………
Geruch	…………………………
B …………………	…………………………
…………………	…………………………
…………………	…………………………
…………………	…………………………

B Einflussfaktoren auf die Fleischqualität

Einflussfaktor	Beispiel	Auswirkung auf die Qualität des Gerichts/Produkts
………………… 	Fleischrassen, z. B. ………………… …………………	Vorteil: zartes Fleisch, ………………… …………………
	Milchrassen, z. B. ………………… …………………	Vorteil: ………………… ………………… …………………
………………… 	Laufstall oder Freilandhaltung	Vorteil: ………………… ………………… …………………
	Anbindestall	Vorteil: ………………… ………………… …………………

4 QUALITÄT BEURTEILEN

Einflussfaktor	Beispiel	Auswirkung auf die Qualität des Gerichts/Produkts
…………………… ……………………	Kraftfutter	Vorteil: ……………………
	Gras, Heu etc.	Vorteil: …………………… ……………………
…………………… 	…………………… ……………………	Geeignet für: …………………… Vorteil: ……………………
	…………………… ……………………	Geeignet für: …………………… Vorteil: ……………………
…………………… 	stressfreie Schlachtung	Vorteil: …………………… ……………………
	hygienische Schlachtung	Vorteil: …………………… ……………………
…………………… ……………………	…………………… ……………………	Vorteil: verkürzte Reifezeit Nachteil: ……………………
	kurze Reifedauer	Nachteil: …………………… …………… Geschmack
…………………… 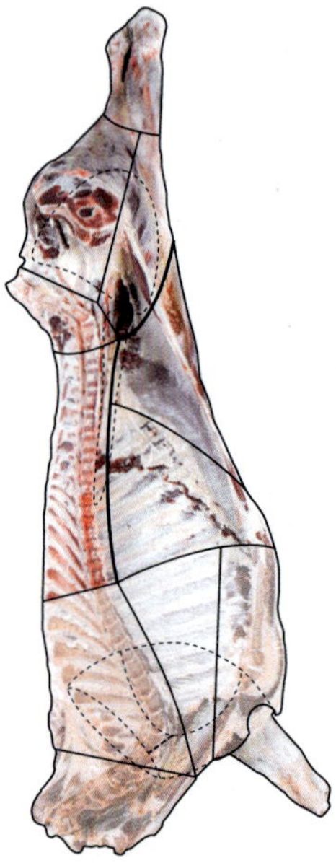	Hinterviertel	Geeignet für: …………………… …………………… Zu teuer für: …………………… ……………………
	Vorderviertel	Geeignet für: …………………… …………………… Nicht geeignet für: …………………… ……………………
	mageres Fleisch	Nachteil: …………………… …………………… Abhilfe: ……………………

Name: .... Klasse: .... Datum: ....

C Qualität überprüfen

Eigenschaften des rohen Fleisches	Welche Faktoren haben die Fleischqualität beeinflusst?	Eigenschaften des Fleisches nach dem Garen oder nach der Verarbeitung
◗ dunkelrote Farbe ◗ pH-Wert 6,0 ◗ gutes Wasserbindungs-vermögen ◗ leicht säuerlicher Geruch	◗ altes Tier ◗ nicht optimal gereift	Geschmack: .... Biss: .... Haltbarkeit: .... Verarbeitungsfleisch: .... Frischfleischverkauf: ....
◗ dunkelrote Farbe ◗ pH-Wert 6,8 ◗ .... Wasserbindungsvermögen	◗ DFD-Fleisch ◗	Geschmack: .... Biss: .... Haltbarkeit: .... Verarbeitungsfleisch: .... Frischfleischverkauf: ....
◗ grobe Fasern im Anschnitt zu erkennen ◗ kräftig dunkelrote Farbe ◗ pH-Wert 6,2 ◗ typischer Fleischgeruch	◗ .... ◗ .... ◗	Geschmack: .... Biss: .... Haltbarkeit: .... Verarbeitungsfleisch: .... Frischfleischverkauf: ....
◗ helle rote Farbe ◗ keine Marmorierung ◗ pH-Wert 5,8 ◗ leicht säuerlicher Geruch ◗ sehr feine Muskelfasern im Anschnitt zu erkennen	◗ .... ◗ .... ◗ .... ◗	Geschmack: .... Biss: .... Saftigkeit: .... Haltbarkeit: .... Verarbeitungsfleisch: .... Frischfleischverkauf: ....

Eigenschaften des rohen Fleisches	Welche Faktoren haben die Fleischqualität beeinflusst?	Eigenschaften des Fleisches nach dem Garen oder nach der Verarbeitung
▸ …………………… Farbe ▸ …………………… …………… Geruch ▸ …………………… Wasserbindung ▸ …………………… Oberfläche	▸ zu lange gereift ▸ zu warm gereift	Geschmack: …………… Biss: …………… Haltbarkeit: …………… Verarbeitungsfleisch: …………………… Frischfleischverkauf: …………………… ……………………
▸ kräftig rote Farbe mit einem leichten Braunton ▸ kräftiger, fleischtypischer Geruch ▸ pH-Wert 6,3 ▸ deutliche Marmorierung	▸ …………………… ▸ …………………… ▸ …………………… ▸ ……………………	Geschmack: …………… Biss: …………… Saftigkeit: …………… Haltbarkeit: …………… Verarbeitungsfleisch: …………………… Frischfleischverkauf: ……………………
▸ …………………… …………………… ▸ …………………… ▸ …………………… ▸ …………………… …………………… ▸ …………………… ……………………	▸ Fleischrasse ▸ junges Tier ▸ sehr gut gereift ▸ Freilandhaltung ▸ optimale Schlachtung	Geschmack: …………… Biss: …………… Saftigkeit: …………… Haltbarkeit: …………… Verarbeitungsfleisch: …………………… Frischfleischverkauf: ……………………

Name: .... Klasse: .... Datum: ....

D Qualität erhalten

Das Fleisch verdirbt durch (vgl. Lernfeld 2.4):

- .... (z. B. Salmonellen, Fäulniserreger)
- ....
- .... (Fettverderb)

Die Mikroorganismen gelangen auf das Fleisch und auf Fleischerzeugnisse durch:

- Rohstoffe, wie z. B. ....
- Dauerausscheider = ...
- nicht abgedeckte ....
- mangelnde .... hygiene
- mangelnde .... hygiene

Optimale Bedingungen für den Verderb von Fleisch sind:

- ....
- ....
- ....
- ....
- ....
- ....

Den Verderb von Fleisch kann man verlangsamen, indem man die Bedingungen für den ....,

den .... und den .... Verderb verschlechtert.

Temperatur:	um den Gefrierpunkt
....	möglichst niedrig, deswegen sollte die Oberfläche von Frischfleisch trocken sein
....	möglichst niedrig, denn Fleischverderber lieben eine basische Umgebung
....	kann durch Vakuumverpackung entzogen werden
....	keine Beleuchtung im Kühlhaus

Überlegen Sie, welche Anforderungen Sie als Fleischer und als Kunde an Rindfleisch stellen. Denken Sie dabei auch an die unterschiedlichen Verwendungsmöglichkeiten in der Produktion, im Verkauf und in der Küche.

Planen

Erstellen Sie einen Katalog an Kriterien, anhand dessen Sie die Qualität von Rindfleisch beurteilen können. Bedenken Sie dabei die unterschiedlichen Verwendungsmöglichkeiten.

Durchführen

Führen Sie in der Schulwerkstatt die Qualitätsbeurteilung des zerlegten Rindfleisches durch. Beurteilen Sie Ihren Kriterienkatalog:

- Können Sie die unterschiedlichen Qualitätsstufen unterscheiden?
- Können Sie mit Ihrem Katalog das Fleisch passenden Verwendungen zuordnen?

Bewerten

Wiederholen

1. Kreuzworträtsel

1. Welche Farbe hat gut gereiftes Fleisch?
2. Welcher Verderb wird durch Licht beschleunigt?
3. Nennen Sie eine typische Fleischrasse von Rindern.
4. Wie bezeichnet man Fleisch, das mit dünnen Fettadern durchzogen ist?
5. Wie heißt der Geschmacksverstärker, der bei der Fleischreifung entsteht?
6. Was kann man tun, damit magere Fleischteile beim Braten nicht zu trocken werden?
7. Welche Säure entsteht bei der Fleischreifung?
8. Wie heißt der Fachausdruck für den Fleischfarbstoff?
9. Welches Rinderviertel hat die kürzeren Fleischfasern?
10. Welche fleischeigenen Stoffe beschleunigen den Verderb?

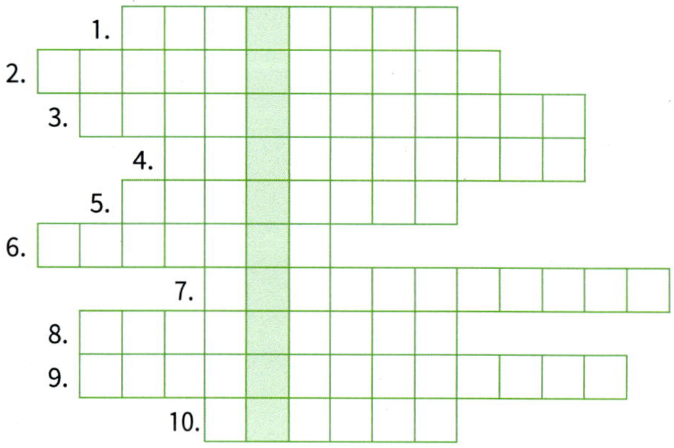

Lösungswort:

2. Ein Meister kauft auf dem Großmarkt zwei Bullenhälften mit insgesamt 420 kg für 4,30 €/kg und eine Färsenhälfte mit 148 kg für 3,98 €/kg netto ein. Für Einkauf und Lieferung rechnet er mit 0,35 €/kg Kaltschlachtgewicht. Für die Zerlegegemeinkosten setzt er 0,41 €/kg Kaltschlachtgewicht an. Die Vertriebsgemeinkosten betragen 32 %, der Gewinn 7 % und die Mehrwertsteuer 7 %. Der Verlust beim Zerlegen und Lagern beträgt 3,9 %.

a) Wie viel kostet 1,0 kg Rindfleisch ohne Knochen, wenn der Knochenanteil 25 % beträgt?

b) Wie viel kosten 140 g Rouladen, wenn auf den Preis für Rindfleisch ohne Knochen 110 % aufgeschlagen werden?

3. Am Großmarkt kaufen Sie zwei Rinderhinterviertel der Handelsklasse E mit insgesamt 420 kg für 3,48 €/kg und vier Rinderhinterviertel der Handelsklasse R mit 640 kg für 3,19 €/kg ein. Sie rechnen mit einem Aufschlag von 5 % für die Einkaufsgemeinkosten und mit 6 % für die Zerlegegemeinkosten. Im Vertrieb entstehen 29 % Gemeinkosten, der Gewinn soll 9 % betragen, die gesetzliche Mehrwertsteuer ist zu berücksichtigen. Für Hau und Schwund rechnet man 4,8 %.

a) Wie viel kostet durchschnittlich 1,0 kg Rindfleisch ohne Knochen, wenn der Knochenanteil 19 % beträgt?

b) Wie viel kosten 370 g Filet, wenn der Bewertungssatz für Filet 310 beträgt?

Name: .... *Klasse:* .... *Datum:* ....

Nicht alle Fleischteile des Rinds eignen sich für jede Zubereitungsart. Michaela Föhring möchte einem Bekannten einen Einblick in die vielfältigen Verwendungsmöglichkeiten für Rindfleisch geben.

Orientieren

Informieren

A Verwendung von Rindfleisch im Privathaushalt

a) Rohes Rindfleisch

Tartar = sehr mageres .... mit rohem Ei,

....

....

angemacht

.... = hauchdünne Scheiben Rinderfilet

mit Dressing aus ....

....

b) Grillen und Kurzbraten

Garstufen:

englisch (blutig) = ...

....

medium (....................) = ...

....

....

.... = ...

....

....

Geeignete Fleischteile: ....

c) Braten

Typisches Gericht: ....

Herstellung: (stichpunktartige Beschreibung)

....

....

....

....

Geeignete Fleischteile: ....

....

d) Schmoren

Typisches Gericht: ....

Herstellung: (stichpunktartige Beschreibung)

....

....

Geeignete Fleischteile: ....

....

e) Sieden

Typisches Gericht: ....

Herstellung: (stichpunktartige Beschreibung)

....

....

Geeignete Fleischteile: Tafelspitz, ...

Typisches Gericht: ....

Herstellung: (stichpunktartige Beschreibung)

....

....

Geeignete Fleischteile: Spannrippe, Brust, ...

....

Name: **Klasse:** **Datum:**

B Fleischteile für die Zubereitung

Benennen Sie die Fleischteile und kreuzen Sie die Eignung an.

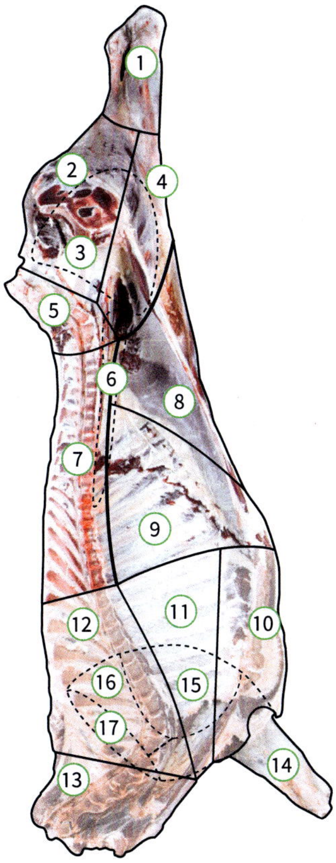

	Bezeichnung	Eignung			
		Grillen/ Kurzbraten	Braten	Schmoren	Sieden
1					
2					
3					
4					
5					
6					
7					
8					
9					
10					
11					
12					
13					
14					
15					
16					
17					

C Steaks aus Rindfleisch

a) Steaks aus dem Rücken

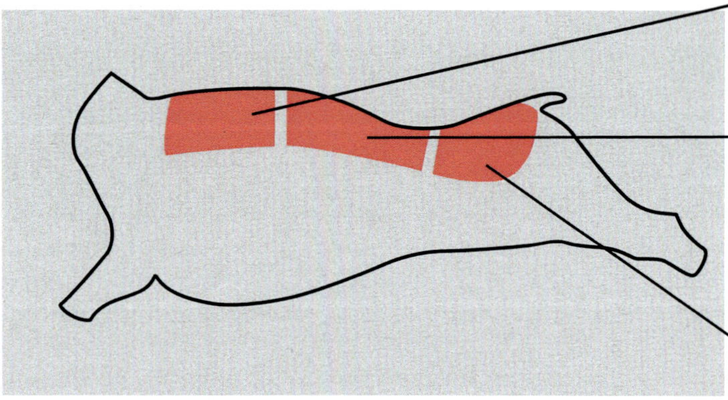

....

....

....

Rumpsteak Sirloin-Steak	=	2 cm dicke Scheibe aus ....
Entrecôte Lendensteak	=	....
Clubsteak	=	....
Rib-Eye-Steak Delmonico-Steak	=	....

b) Steaks aus der großen Lende

Die große Lende besteht aus: ....

....

T-Bone-Steak =

2 cm dicke Scheibe aus dem Bereich der ....

....

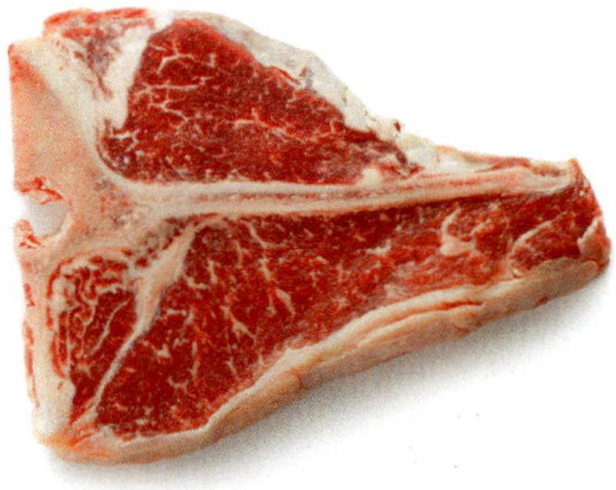

Porterhouse-Steak =

....

....

Name: .... **Klasse:** .... **Datum:** ....

b) Gerichte aus dem Filet

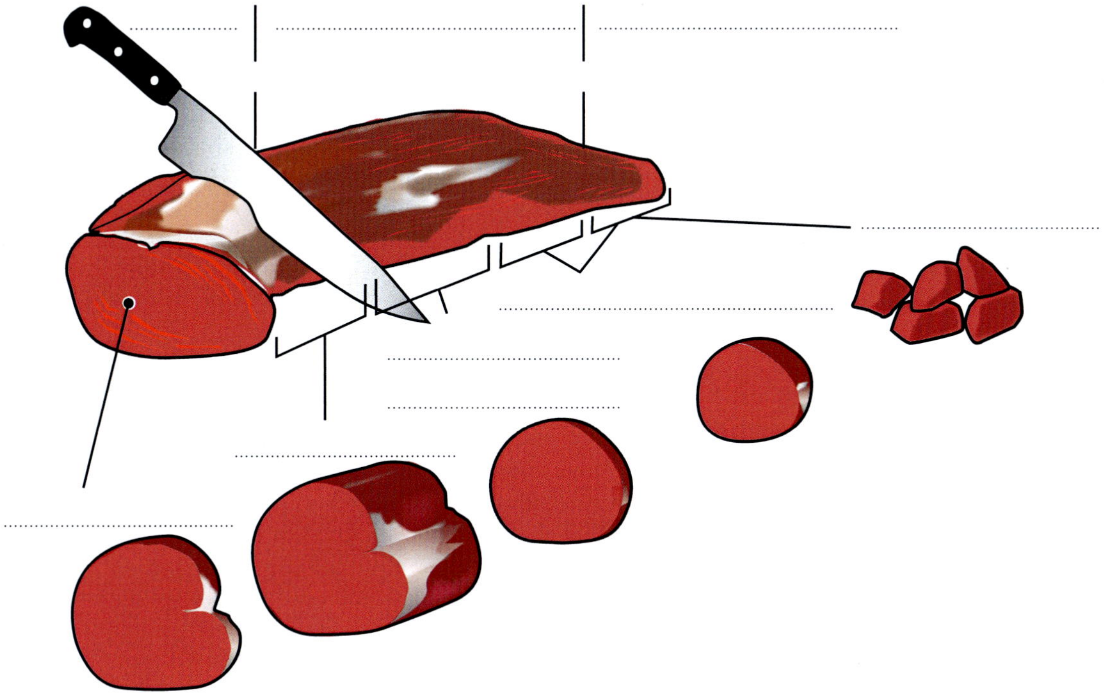

Chateaubriand = 5 cm dicke Scheibe aus dem ....

Filetsteak / Tenderloinsteak = ...

Filet mignon = ...

....

Filet Stroganoff = ...

Stellen Sie eine Liste mit Gerichten und Produkten aus Rindfleisch zusammen, die Sie gerne essen.

Planen

Teilen Sie die Fleischgerichte einer Rinderhälfte möglichst gewinnbringend auf:

- Wählen Sie die Fleischgerichte der Rinderhälfte aus, mit denen Sie Ihre Lieblingsgerichte kochen könnten.
- Finden Sie zu den verbleibenden Fleischhälften schmackhafte Gerichte, die man daraus herstellen könnte.
- Welche Produkte könnten Sie in der Fleischerei aus den Abschnitten und den verbleibenden Fleischteilen herstellen?

Durchführen

Beurteilen Sie Ihre Aufstellung danach, welchen Anteil der Rinderhälfte Sie zu einem hohen Preis verkaufen könnten und welcher Anteil für preiswerte Produkte verarbeitet werden müsste.

Bewerten

5 RINDFLEISCH RICHTIG VERWENDEN

Wiederholen

1. Kennzeichnen Sie in der nebenstehenden Zeichnung die sechs beliebtesten Fleischteile des Rindes.

a) Benennen Sie die Fleischteile.

b) Nennen Sie ein Gericht, das man aus diesen Fleischteilen herstellen kann.

c) Nennen Sie die Garmethode, die man bei diesem Gericht anwendet.

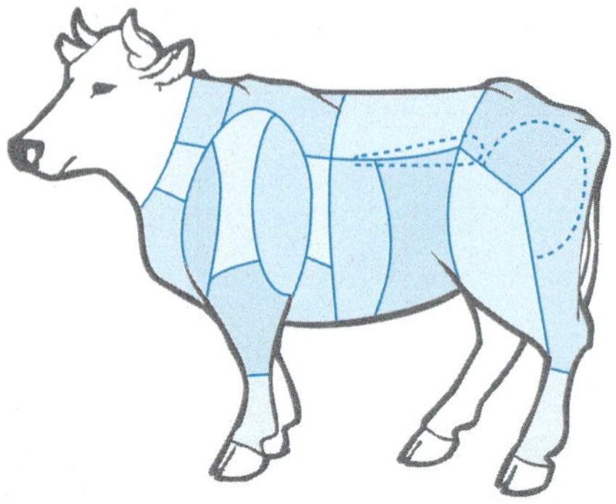

Fleischteil	Gericht	Garmethode

2. Sie zerlegen ein Rinderhinterviertel mit 36,5 kg Kaltschlachtgewicht, das im Einkauf 3,90 €/kg gekostet hat. Pro Kilogramm Kaltschlachtgewicht entstehen beim Einkauf 0,16 €, beim Zerlegen 0,23 € Gemeinkosten. Der Zerlegeverlust beträgt 2,5 %.

a) Wie viel kostet 1,0 kg Rindfleisch ohne Knochen im Verkauf, wenn der Knochenanteil mit 18 % angesetzt wird, die Vertriebsgemeinkosten 28 % und der Gewinn 3 % betragen?

b) Wie viel kosten 450 g Filet im Verkauf, wenn der Bewertungsaufschlag 230 % beträgt und der Kilopreis auf volle 10 Cent gerundet wird?

3. Eine geschlachtete Färse (Hälftengewicht 230 kg) kostet im Einkauf 2,25 €/kg. Beim Einkauf entstehen Gemeinkosten in Höhe von 0,15 € pro Kilogramm Kaltschlachtgewicht und beim Zerlegen 0,19 €/kg. Der Zerlegeverlust beträgt 3,2 %.

a) Wie viel kostet 1,0 kg Rindfleisch ohne Knochen im Verkauf, wenn der Knochenanteil mit 20 % angesetzt wird? Die Vertriebsgemeinkosten betragen 31 % und der Gewinn 2,8 %.

b) Wie viel kosten 290 g falsches Filet im Verkauf, wenn der Bewertungssatz 190 % beträgt und der Kilopreis auf volle 10 Cent gerundet wird?

4. Zwei Rinderhälften (288,5 kg) werden für 2,95 €/kg eingekauft. Beim Zerlegen fallen 6,3 % Verlust an. Im Einkauf entstehen Gemeinkosten in Höhe von 0,15 € pro Kilogramm Kaltschlachtgewicht und beim Zerlegen 0,26 €/kg.

a) Wie viel kostet 1,0 kg Rindfleisch ohne Knochen im Verkauf, wenn der Knochenanteil mit 19 % angesetzt wird und die Vertriebsgemeinkosten 29 % und der Gewinn 1,9 % betragen?

b) Wie viel kosten 440 g Nuss im Verkauf, wenn der Bewertungsfaktor 1,9 beträgt und der Kilopreis auf volle 10 Cent gerundet wird?

Name: .... **Klasse:** .... **Datum:** ....

Ihr Betrieb führt eine Verkaufsaktion zum Thema „Kalbfleisch" durch. Bestellung, Zerlegung, Verwendung im Betrieb und Informationsmaterial für die Kunden – das alles sollen Sie vorbereiten.

Orientieren

Informieren

A Kalbfleisch einkaufen

a) Kennzeichnung

Kalbfleisch wird wie Rindfleisch mit Kategorie, Fleischigkeits- und Fettabdeckungsklasse gekennzeichnet

(→ Schülerbuch Seite 10). Die Kategoriekennzeichnung für Kalbfleisch lautet: ☐

Kalbfleisch mit sehr guter **Fleischigkeit** und geringer **Fettabdeckung** erhält also die Kennzeichnung:

☐ ☐ ☐

b) Fleischfarbe

Die Fleischfarbe des Kalbfleischs wird durch die Fütterung beeinflusst.

Sehr helles Fleisch weist auf folgendes Futter hin: ....

Rosarotes Fleisch weist auf folgendes Futter hin: ....

c) Mastformen

Milchkalb: ....

Mutterkuhhaltung: ....

....

B Kalbfleisch richtig zerlegen

Benennen Sie die Fleischteile und tragen Sie die Ziffern in die Abbildung ein.

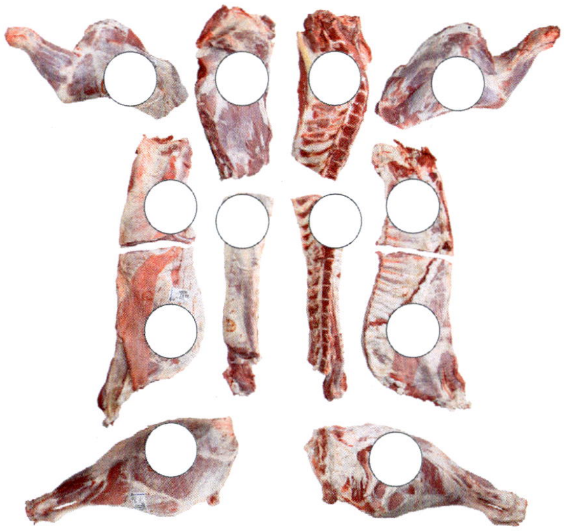

1	....
2	....
3	....
4	....
5	....
6	....

C Fleischteile für die Zubereitung

Benennen Sie die Fleischteile und kreuzen Sie die Eignung an.

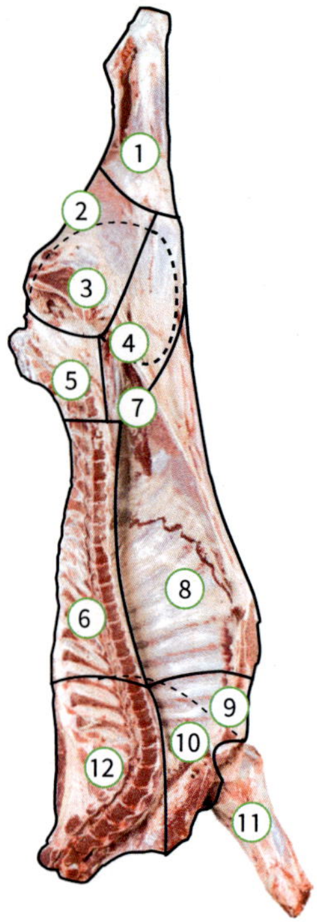

	Fleischteil	Eignung		
		Grillen/ Kurzbraten	Braten	Schmoren
1	....			
2	....			
3	....			
4	....			
5	....			
6	....			
7	....			
8	....			
9	....			
10	....			
11	....			
12	....			

a) Kalbfleischgerichte

Es gibt Gerichte, die nur aus Kalbfleisch hergestellt werden dürfen:

Wiener Schnitzel: ....

Cordon Bleu: ....

....

....

b) Sautieren

Typisches Gericht: ....

Herstellung:
- ....
- ....
- ....
- ....
- ....

Geeignete Fleischteile: ....

Name: Klasse: Datum:

D Die beliebtesten Fleischteile des Kalbs

Benennen Sie die Fleischteile und geben Sie ein Gericht an, das daraus zubereitet werden kann.

	Fleischteil	Gericht

Planen

Bereiten Sie in der Berufsschule eine Verkaufsaktion vor.
- Suchen Sie geeignete Lieferanten.
- Erstellen Sie ein Hygienekonzept für Anlieferung, Zerlegung und Verarbeitung.
- Wählen Sie geeignete Rezepte für Fleischerzeugnisse aus.
- Sammeln Sie Rezepte für ein kleines „Kalbskochbuch".

Durchführen

Führen Sie an Ihrer Berufsschule eine Verkaufsaktion zum Thema „Kalbfleisch" durch.
- Bestellen Sie die benötigten Kälberhälften.
- Führen Sie die Warenannahme durch.
- Zerlegen Sie die Kälberhälften fachgerecht.
- Stellen Sie verschiedene Gerichte aus Kalbfleisch entsprechend Ihrer Rezeptsammlung her.
- Stellen Sie aus dem Verarbeitungsfleisch verschiedene Fleischerzeugnisse aus Kalbfleisch her.
- Kalkulieren Sie die Preise für Verkaufsfleisch und Fleischerzeugnisse.
- Erstellen Sie Informationsmaterial über die Verwendung von Kalbfleisch in der Küche.

Bewerten

Beurteilen Sie den Erfolg Ihrer Verkaufsaktion.
- Haben Sie einen geeigneten Lieferanten gefunden?
- Konnten Sie die Fleischteile gut in der Küche oder in der Fleischerei verwenden?
- Haben die Gerichte und Fleischerzeugnisse Ihren „Kunden" geschmeckt?
- Hätten Sie mit Ihren Produkten einen angemessenen Gewinn erzielen können?

6 KALBFLEISCH ZERLEGEN UND VERWENDEN

Wiederholen

1. Sie bestellen bei einem Lieferanten vier Kälberhälften mit einem Gesamtgewicht von 460 kg für 3,87 €/kg netto. Der Lieferant gewährt 5 % Rabatt und bei Zahlung innerhalb von zehn Tagen 3 % Skonto. Wie viel Euro kostet 1,0 kg Kälberhälften, wenn Sie die gesetzliche Mehrwertsteuer berücksichtigen?

2. Sie erhalten zwei Angebote für eine wöchentliche Lieferung von 300 kg Kälberhälften. Der erste Anbieter verlangt für 1,0 kg Kälberhälften 4,05 €. Er gewährt 5 % Rabatt und bietet 3 % Skonto bei sofortiger Bezahlung. Der zweite Lieferant setzt für 1,0 kg einen Preis von 3,85 € an, er gewährt keinen Rabatt, aber 2 % Skonto bei Zahlung innerhalb von zehn Tagen.

Welcher Lieferant macht das günstigere Angebot?

3. Sie kaufen 30,0 kg ungereiftes Kalbskotelett für 17,00 €/kg ein. Beim Reifen gehen 2 % verloren.

a) Wie viel wiegt das gereifte Kalbskotelett?

b) Wie viel Euro müssen Sie in Ihrer Kalkulation für 1,0 kg gereiftes Kalbskotelett ansetzen, wenn Sie den Reifeverlust ausgleichen möchten?

4. Für eine Betriebsfeier benötigen Sie 30,0 kg gereiftes Kalbskotelett. Das frische Kotelett kostet 18,30 €/kg. Beim Reifen gehen erfahrungsgemäß 5 % verloren.

a) Wie viel Kilogramm frisches Kotelett müssen Sie reifen lassen, um die benötigten 30,0 kg zu erhalten?

b) Welchen Kilopreis müssen Sie für das gereifte Kotelett ansetzen, um den Reifeverlust auszugleichen?

5. Aus der Kalkulation ergibt sich für 1,0 kg Kalbfleisch ein Durchschnittspreis von 7,65 €. Ihre Fleischerei rechnet beim Fricandeau mit einem Bewertungsaufschlag von 115 %. Wie viel Euro müssen Sie für 1,0 kg Fricandeau verlangen?

6. Ihr Betrieb hat eine große Kalbslende zugekauft. Die 8,8 kg kosteten insgesamt 120,00 €. Aus der Lende lösen Sie 5,3 kg Kotelett und 1,8 kg Filet aus. Das Filet wird mit einem Bewertungsaufschlag von 60 % gerechnet, für das Kotelett nehmen Sie einen Bewertungsfaktor von 1,3.

a) Wie viel Euro kostet 1,0 kg große Lende im Durchschnitt?

b) Wie viel Euro kostet 1,0 kg Filet und 1,0 kg Kotelett?

7. Ein geschlachtetes Kalb (Hälftengewicht 78,0 kg) kostet im Einkauf 3,95 €/kg. Bei dem Einkauf entstehen Gemeinkosten in Höhe von 0,22 € pro Kilogramm Kaltschlachtgewicht und beim Zerlegen 0,28 €/kg. Der Zerlegeverlust beträgt 4,8 %. Für den Verkauf rechnet der Betrieb mit 32 % Gemeinkosten, der Gewinn wird auf 2,3 % festgesetzt.

a) Wie viel kostet 1,0 kg Kalbfleisch ohne Knochen im Verkauf, wenn der Knochenanteil mit 35 % angesetzt wird?

b) Wie viel kosten 560 g Hüfte im Verkauf, wenn der Bewertungssatz 225 % beträgt und der Kilopreis auf volle 10 Cent gerundet wird?

Name: .... Klasse: .... Datum: ....

Beim Pökeln von Fleisch werden Nitrit, Nitrat und Salz eingesetzt. Sie möchten einer Bekannten die Notwendigkeit dieser Stoffe und die gesundheitlichen Auswirkungen erklären.

Orientieren

Informieren

A Physikalische Vorgänge beim Salzen

Wenn man Fleisch einsalzt, verändern sich seine Eigenschaften. Verantwortlich sind hierfür die folgenden physikalischen Vorgänge:

a) Diffusion

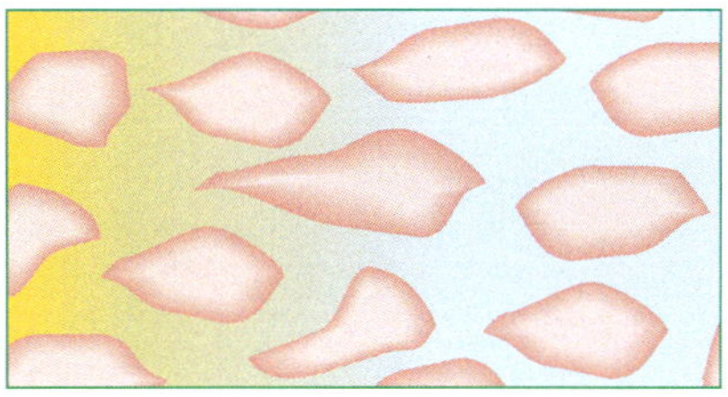

Allgemeine Definition: Diffusion nennt man ....

....

Auswirkung im Fleisch: ....

....

b) Osmose

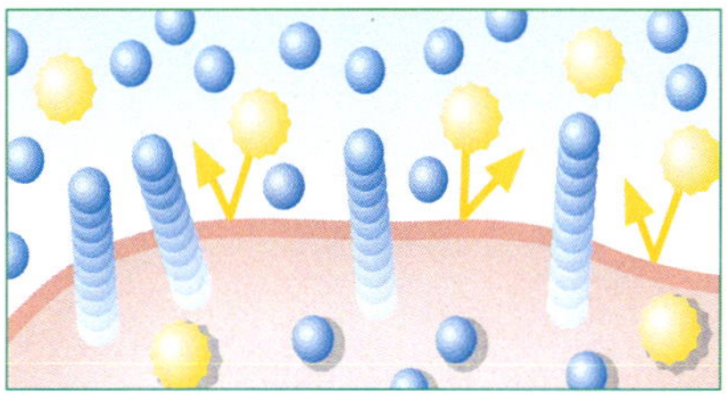

Allgemeine Definition: Osmose nennt man ....

....

....

Auswirkung im Fleisch: ....

....

c) Erhöhung der Ionenstärke

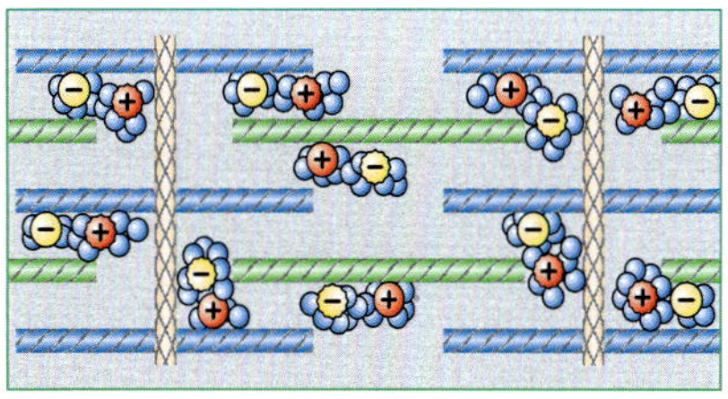

Allgemeine Definition: Ionen sind ....

....

Die Ionenstärke gibt an: Anzahl der Ionen, die ....

....

Auswirkung im Fleisch: ....

....

d) Konservierung

Salz verlängert die Haltbarkeit des Fleischs auf zwei Wegen:

- Salz entzieht dem Fleisch ....
- Salz entzieht den Mikroorganismen ....

....

B Das Pökeln

Beim Pökeln gibt man zum Fleisch Pökelstoffe und Pökelhilfsstoffe.

Pökelstoffe sind:

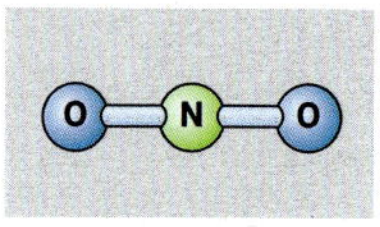

....

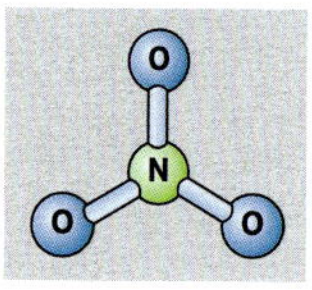

....

Pökelhilfsstoffe sind:

- ....
- ....

a) Pökeln mit Nitrit (Nitritpökelsalz)

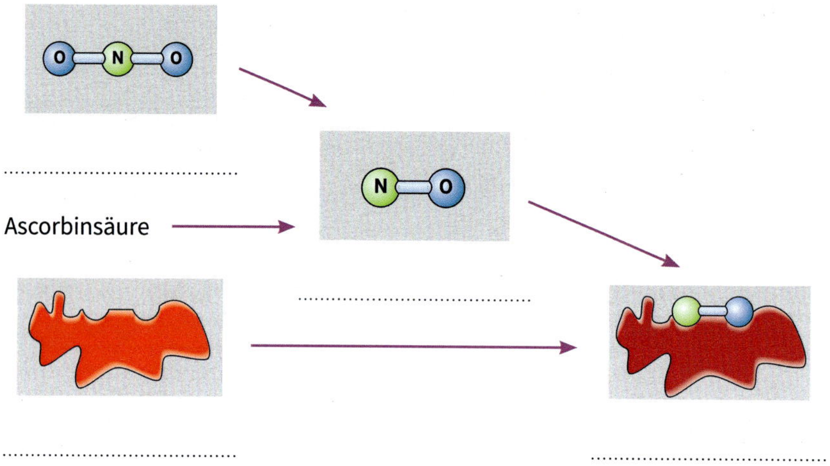

b) Pökeln mit Nitrat (Salpeter)

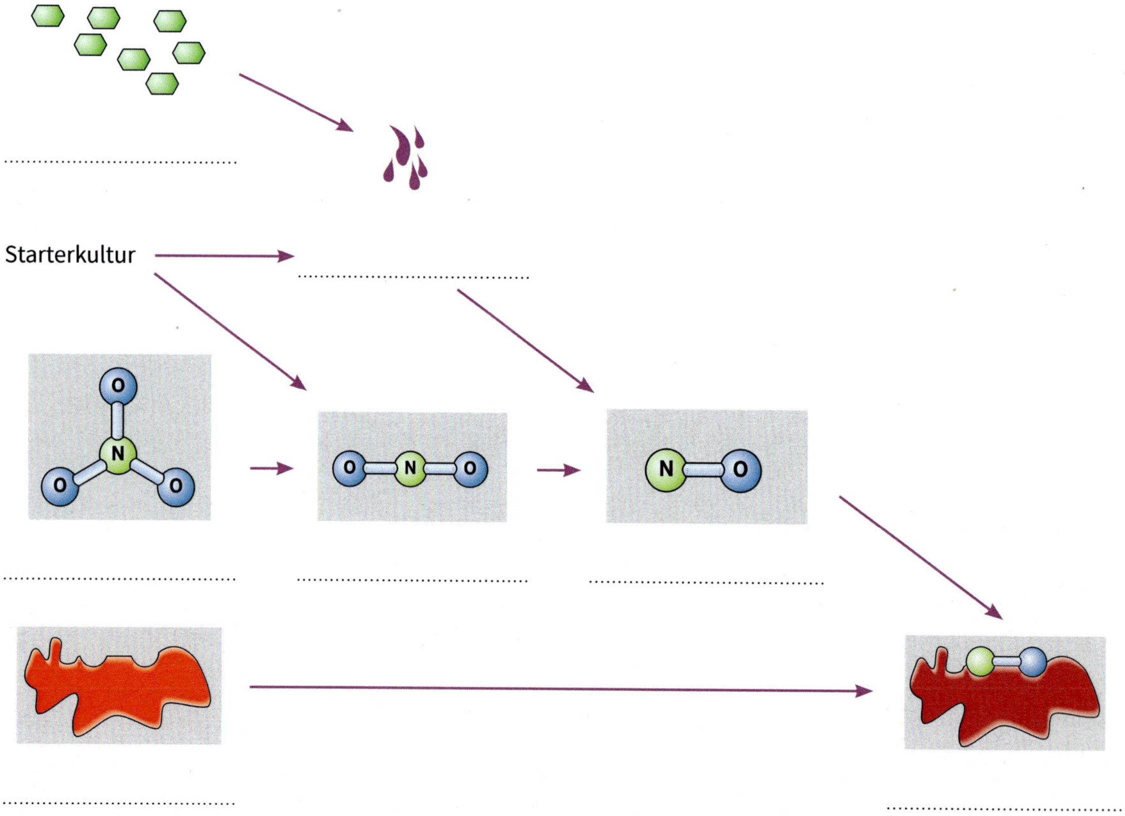

Name: .... **Klasse:** .... **Datum:** ....

C Gesundheitliche Bedeutung

a) Beurteilung des Kochsalzgehalts in der Ernährung

Bedarf an Natrium am Tag: .... g

Bedarf an Chlor am Tag: .... g

Durchschnittliche Aufnahme an Kochsalz am Tag: .... g

Das ergibt eine durchschnittliche Aufnahme von Natrium von .... g und von Chlor von .... g.

Menschen mit Bluthochdruck sollten am Tag höchstens .... g Kochsalz essen.

Das ergibt eine durchschnittliche Aufnahme von Natrium von .... g und von Chlor von .... g.

Zu hoher Blutdruck begünstigt folgende Krankheiten:

- ....
- ....

b) Beurteilung des Nitritgehalts in der Ernährung

Der Gesetzgeber schreibt vor, dass der Fleischer kein reines Nitrit, sondern nur Nitritpökelsalz verarbeiten darf.

Zusammensetzung von Nitritpökelsalz:

.... %	+	0,5 %	=	**100 %** **N P S**

Grund für diese Vorschrift:

....

....

In gepökelten Fleischwaren sind kein Nitrit und kein Stickoxid mehr enthalten.

Begründung:

- Beim Pökeln wird das gesamte Nitrit umgewandelt in ....
- Dieses Gas verbindet sich zum größten Teil mit ....
- Das Gas, das nicht gebunden wurde, ...

Gepökelte Fleischwaren sollten nicht gegrillt oder gebraten werden.

Begründung:

....

....

1 ÜBER PÖKELWAREN INFORMIEREN

Planen

Stellen Sie die Informationen zum Pökeln zusammen, die für einen kritischen Kunden wichtig sein könnten. Wählen Sie eine geeignete Form zur Präsentation dieser Informationen aus.

Durchführen

Erstellen Sie eine Übersicht über die Vorgänge, die beim Pökeln im Fleisch ablaufen. Versuchen Sie hierbei insbesondere, auf kritische Bereiche einzugehen und diese ausreichend zu erklären.

Bewerten

Informieren Sie mithilfe Ihrer Übersicht einen Bekannten oder einen Verwandten über das Pökeln von Fleischwaren. Beurteilen Sie den Erfolg Ihres Gesprächs nach folgenden Kriterien:

- Konnten Sie die Notwendigkeit der Verwendung der Pökelstoffe erklären?
- Konnten Sie die gesundheitlichen Risiken in das richtige Licht rücken?

Wiederholen

1. Bestimmen Sie die Begriffe.

Muskelfarbstoff: _ _ _ _ _ _ _ _ _

Vorgang, bei dem sich Salz gleichmäßig verteilt: _ _ _ _ _ _ _ _ _

Haltbarmachen von Lebensmitteln: _ _ _ _ _ _ _ _ _ _ _ _ _

Ursache für das Schrumpfen von Zellen beim Salzen: _ _ _ _ _ _

Pökelhilfsstoff: _ _ _ _ _ _ _ _

Roter Farbstoff von Pökelwaren: _ _ _ _ _ _ _ _ _ _ _ _ _ _

Kaliumnitrat: _ _ _ _ _ _ _ _

Krankheit, die zu viel Nitrat in der Nahrung verursacht: _ _ _ _ _ _ _ _ _

Krebserregende Stoffe in gegrillten Pökelwaren: _ _ _ _ _ _ _ _ _ _ _

2. Bei der Herstellung von Kochschinken verarbeiten Sie 250 g Nitritpökelsalz. Wie viel Gramm Nitrit ist in dieser Salzmenge enthalten?

3. Für Lachsschinken behandelt man 60,0 kg Schweinelende mit 1,7 kg Nitritpökelsalz. Wie viel Gramm Nitrit werden der Lende zugesetzt?

4. Beim Leberkäsebrät rechnet man mit 18 g Nitritpökelsalz für 1,0 kg Fleisch und Speck.

a) Wie viel Gramm Nitritpökelsalz benötigen Sie für 120 kg Fleisch und Speck?

b) Wieviel Gramm Nitrit sind darin enthalten?

5. Für eine ausreichende Konservierung von Rohschinken benötigt man 30 g Nitritpökelsalz für 1,0 kg Fleisch.

a) Wie viel Kilogramm Nitritpökelsalz muss man für 50,0 kg Fleisch vorbereiten?

b) Wie viel Gramm Nitrit sind darin enthalten?

c) Wie viel Nitrit wird im fertigen Rohschinken enthalten sein? Begründen Sie Ihre Antwort.

....

Name: .... **Klasse:** .... **Datum:** ....

> Michaela Föhring hat bisher noch nie bei der Herstellung von Kochpökelwaren mitgearbeitet. Diese hochwertigen Fleischerzeugnisse sind aber sehr beliebt bei den Kunden. Deshalb soll sie sich über die Einteilung und Herstellung dieser Produkte informieren.

Orientieren

A Rechtliche Bestimmungen

Informieren

a) Qualitätsbestimmende Inhaltsstoffe

Der Inhaltsstoff, der über die Qualität des Fleischerzeugnisses entscheidet, ist das BEFFE =

B .... – **E** .... – **F** .... – **F** .... – **E** ....

Führen Sie einen Vergleich zwischen den beiden Bestandteilen des Fleischeiweißes durch.

	BE (= Bindegewebseiweiß)	BEFFE
Wie bindet es das Wasser?		
Wie hoch ist der Gehalt an essenziellen Aminosäuren?		
Wie wertvoll ist es für die Ernährung?		
Welche Funktion erfüllt es in der Kochpökelware?		
Aus welchem Teil der Muskelzellen stammt es?		

b) Einteilung der Kochpökelwaren

	Fleischstücke	Anmerkung
Gekochter Schinken		Bei zusammengesetzten Fleischteilen muss der BEFFE-Gehalt mindestens .... betragen.
Vorderschinken		Beim Schäufele am Stück darf der Knochenanteil höchstens .... betragen.
Formfleischschinken		Aus dem Namen muss erkenntlich sein, dass ....

B Materialauswahl

Bedingungen für eine optimale **Farbe:**

- grundsätzliche Anforderung: möglichst kräftige Fleischfarbe
- pH-Wert: ....
- Zusatzstoff: ....

Bedingungen für eine optimale **Wasserbindung:**

- grundsätzliche Anforderung: ....
- Reifegrad: keine Reifefehler
- pH-Wert: ....
- Zusatzstoffe: ....

Bedingungen für eine optimale **Haltbarkeit:**

- grundsätzliche Anforderung: ....
- pH-Wert: ....
- Frische: ....

Auswahl der Fleischteile:

Schweinefleisch	Produktbezeichnung	Rindfleisch	Produktbezeichnung
Schweineschlegel	Schinken	Rinderbrust	....
....	....	....	....
....	....		
....	....		
....	....		
....	....		

C Pökelverfahren

Verfahren	Beschreibung
Muskel-spritz-verfahren	....
Aderspritz-verfahren	....
Vakuum-pökel-verfahren	....

Name: Klasse: Datum:

D Herstellung von Kochpökelwaren

A Maschinen und Werkzeuge vorbereiten	Benötigte Maschinen:	……… ……… ………
B Materialauswahl	Fehlfabrikate bei der falschen Fleischauswahl:	◗ blasse Farbe ◗ schlechte ……… ◗ ………
C Lake bereiten	Zusatzstoffe:	◗ Ascorbat: verbessert ……… ◗ Phosphat: verbessert ………
D Fleisch zuschneiden	Regeln:	◗ Vlies ……… ◗ Fettgewebe und Sehnen ……… ◗ sauber zuschneiden
E Fleisch pökeln	Mögliche Verfahren:	◗ ……… ◗ ……… ◗ ………
F Material poltern	Folgen, wenn zu kurz gepoltert wurde:	◗ ……… ◗ ……… ◗ ……… ………
G Pökelware formen	Mögliche Hilfsmittel:	……… ……… ………
H Pökelware räuchern	Vorteile geräucherter Kochpökelwaren:	……… ………
J Pökelware garen	Vorteile des Kombidämpfers:	……… ……… ………

2 KOCHPÖKELWAREN HERSTELLEN

Planen

- Suchen Sie nach geeigneten Rezepten für die passenden Kochpökelwaren.
- Erstellen Sie einen Katalog von Kriterien, die Ihre fertigen Produkte erfüllen müssen.
- Erstellen Sie einen Arbeitsplan, in dem Sie die Arbeitssicherheit und ein HACCP-Konzept berücksichtigen.

Durchführen

- Stellen Sie die Kochpökelwaren her und lagern Sie diese fachgerecht.
- Finden Sie Argumente, mit denen Sie Ihre Produkte bewerben können.

Bewerten

- Beurteilen Sie Ihre Kochpökelwaren anhand Ihres Kriterienkatalogs.
- Überprüfen Sie Ihren Arbeitsplan, ob er alle Arbeitsschritte enthält und richtig beschreibt.
- Waren Ihre Unfallverhütungs- und Hygienemaßnahmen ausreichend?

Wiederholen

1. Berechnen Sie die Werte in den leeren Feldern.

	a	b	c	d	e
Wassermenge	30,0 kg	kg	kg	55,0 kg	20,0 kg
Salzmenge	kg	8,0 kg	kg	6,0 kg	kg
Schärfe	12 %	11 %	14 %	%	%
Lake	kg	kg	60,0 kg	kg	22,5 kg

2. Sie benötigen 30,0 kg einer 14 %igen Lake.
Wie viel Salz und Wasser müssen Sie mischen?

3. Es sollen 74,5 kg parierter Hinterschinken mit einer 12,5 %igen Lake gespritzt werden. Einzuspritzen sind 16 % des Frischgewicht.

a) Berechnen Sie die benötigte Lakemenge.

b) Wie viel Kilogramm Salz und Wasser werden benötigt?

c) Wie viel Gramm Ascorbinsäure sind notwendig bei einer Zugabe von 3 g je Kilogramm Lake?

4. Zur besseren Umrötung werden der Lake Salpeter und Zucker zugegeben. Es werden 55,0 kg Lake benötigt.

a) Wie viel Kilogramm Salz werden benötigt, wenn die Lake auf 16 % Salzgehalt eingestellt werden soll?

b) Wie viel Gramm Salpeter und wie viel Gramm Zucker werden benötigt, wenn je Kilogramm Salz 6 g Salpeter und 9 g Zucker zugegeben werden sollen?

5. Aus 12,0 kg NPS ist eine Lake von 14 % Schärfe herzustellen.

a) Wie viel Liter Wasser sind erforderlich?

b) Wie viel Kilogramm Pökelrippchen können mit dieser Lake hergestellt werden, wenn die Spritzzunahme 9,5 % des Frischgewichts betragen soll?

Name: .... Klasse: .... Datum: ....

Jens Witte möchte seinen Chef davon überzeugen, dass in seinem Betrieb mehr Rohpökelwaren hergestellt werden sollten. Dazu muss er die Herstellung verschiedener Rohpökelwaren vorbereiten.

Orientieren

Informieren

A Rechtliche Bestimmungen

a) Unterscheidung nach der Herstellungsmethode

Bei den Rohpökelwaren kann man besondere Herstellungsmethoden durch festgelegte Bezeichnungen kenntlich machen:

naturgesalzen = ...

luftgereift/luftgetrocknet = ...

.... = Das Fleisch wurde bei schwachem Rauch langsam gereift.

.... = Das Fleisch wurde in einer Kate gereift.

b) Unterscheidung nach den verwendeten Fleischteilen

Bei den Rohpökelwaren kann man die verwendeten Fleischteile durch festgelegte Bezeichnungen kenntlich machen:

Knochenschinken = ...

....

....

.... = Der Röhrenknochen und evtl. die Oberschale wurden vor dem Salzen entfernt.

.... = Der Kernschinken besteht aus der Ober- und der Unterschale.

c) Ausländische Spezialitäten

a) Serranoschinken

Fleischteil: ....

Herkunftsregion: Spanien

Pökelstoffe? ☐ ja .... ☐ nein

geräuchert? ☐ ja ☐ nein

b) Parmaschinken

Fleischteil: ....

Herkunftsregion: Provinz Parma in Italien

Pökelstoffe? ☐ ja .... ☐ nein

geräuchert? ☐ ja ☐ nein

c) Bündner Fleisch

Fleischteil: ....

Herkunftsregion: ....

Pökelstoffe? ☐ ja .... ☐ nein

geräuchert? ☐ ja ☐ nein

Besonderheit: Es wird während der Reifezeit ....

Tragen Sie die oben genannten Regionen in die folgende Karte ein:

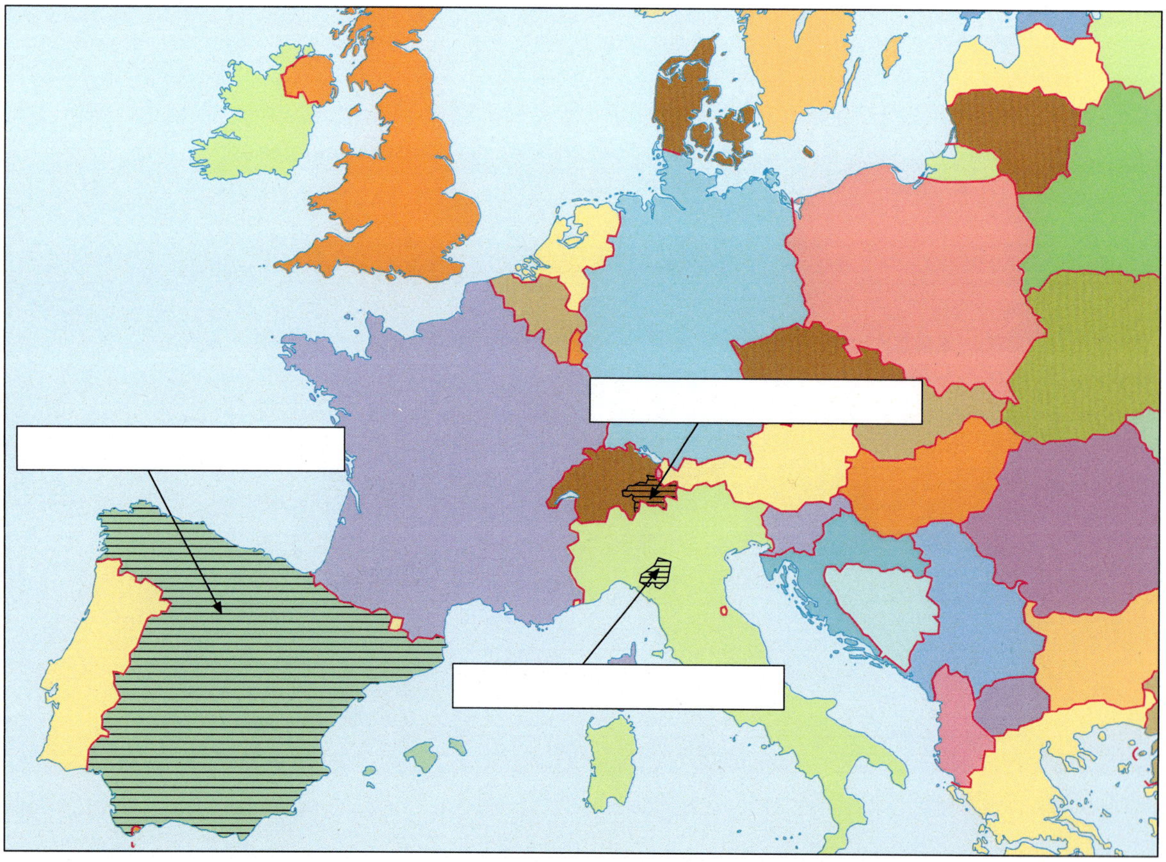

Name: .... **Klasse:** .... **Datum:** ....

B Das Räuchern

Die meisten Rohpökelwaren aus Deutschland werden geräuchert. Dadurch erreicht man die Verbesserung der nachfolgenden drei Eigenschaften.

1. ....

- Durch .... wird das Räuchergut hellbraun.
- Durch .... wird das Räuchergut braun bis schwarz.

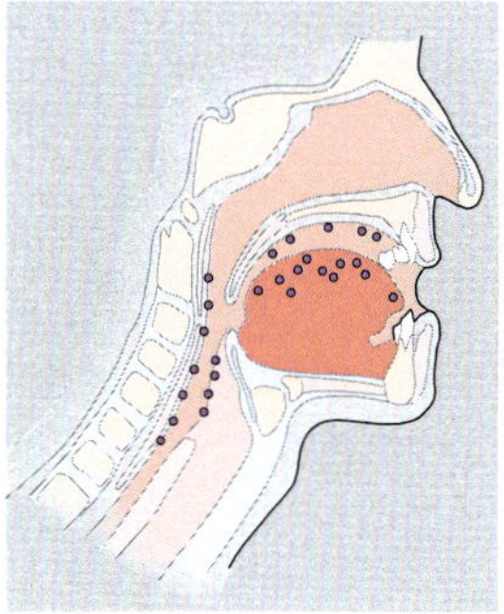

2. ....

- Durch .... erhalten die Waren

....

3. ....

- Einige Rauchbestandteile ....
- Andere Rauchbestandteile ....

Für die Herstellung hochwertiger Rohpökelwaren benötigt man einen feinen milden Rauchgeschmack, das Räuchergut soll nur eine leicht hellbraune Farbe annehmen.

Erläutern Sie, wie so ein Rauch hergestellt werden könnte.

Einflussfaktoren auf die Rauchzusammensetzung	Bedingungen für einen milden Rauchgeschmack und eine helle Färbung des Räucherguts
....	....
....	....
....	....
....	....

Bei der Raucherzeugung besteht die Gefahr, dass krebserregende Stoffe entstehen,

wie das ....

Folgendes gilt es zu beachten, damit keine krebserregenden Stoffe entstehen:

- ....
- ....

Der Grenzwert für den Benzpyrengehalt von Fleischwaren liegt bei:

.... in .... Fleischwaren.

- In den meisten Fleischereien wird der Räucherrauch maschinell hergestellt. Informieren Sie sich über die Arbeitsweise Ihrer Räucheranlage.
- Kennzeichnen Sie die Zeichnung, die der Anlage in Ihrem Betrieb entspricht, und beschreiben Sie die Funktionsweise dieser Anlage in Stichpunkten.

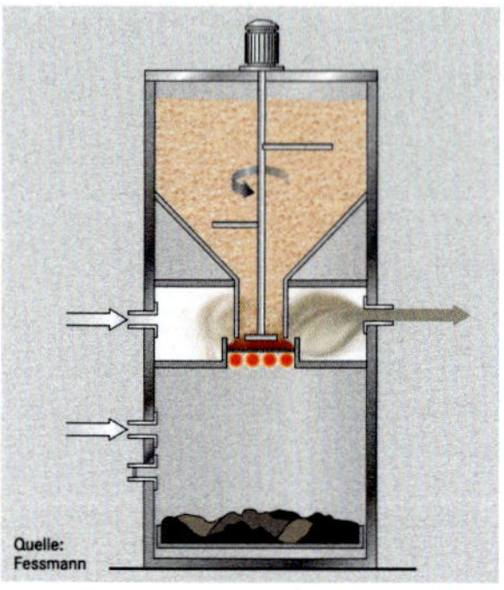

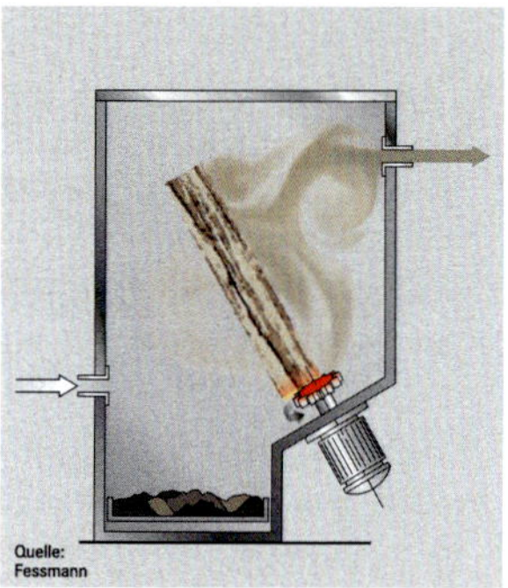

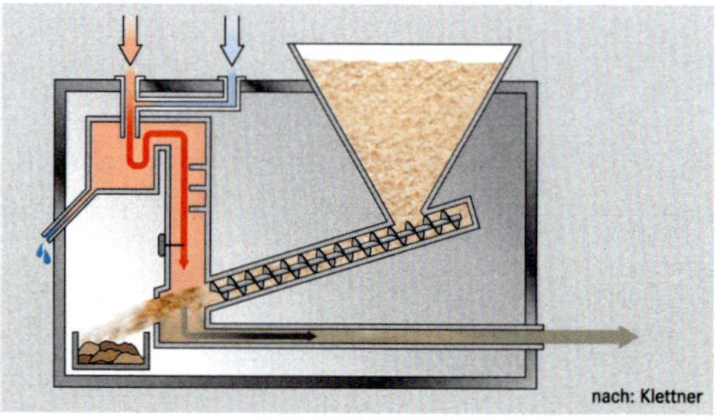

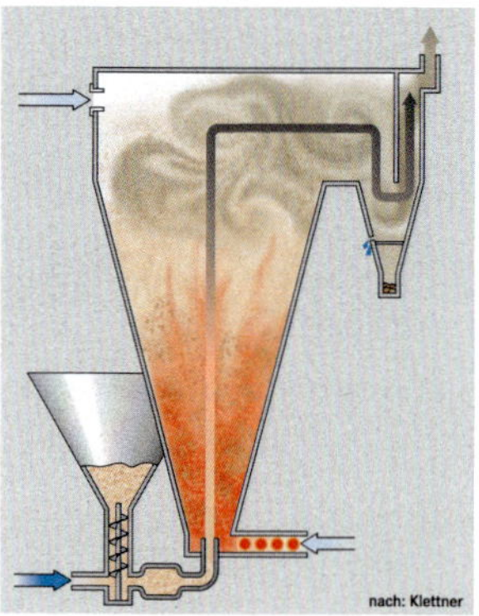

Name: .... Klasse: .... Datum: ....

C Herstellung von Pökelwaren

A Maschinen und Werkzeuge vorbereiten	Benötigte Maschinen:	◗ .... ◗ .... ◗ ....
B Material auswählen	Aufgabe der Starterkulturen:	◗ .... ◗ .... ◗ ....
C Lake/Pökelmischung zubereiten	Geeignete Gewürze:	◗ .... ◗ .... ◗ .... ◗ .... ◗ ....
D Fleisch zuschneiden	Warum sollen kleine anhängende Stücke abgeschnitten werden?	In den verbleibenden Taschen können ....
E Fleisch pökeln	Mögliche Pökelverfahren:	◗ .... ◗ .... ◗ ....
F Durchbrennen	Veränderungen in der Pökelware:	◗ .... ◗ .... ◗ .... ◗ .... ◗ ....
G Räuchern	Bedingungen beim Kalträuchern:	Temperatur: .... Luftfeuchtigkeit: .... Räucherdauer: Lachsschinken → .... Katenschinken → ....

3 ROHPÖKELWAREN HERSTELLEN

Planen

- Sammeln Sie Rezepte für verschiedene Rohpökelwaren wie Spaltschinken, Lachsschinken oder Pökelspeck.
- Erstellen Sie einen Katalog von Kriterien, die Ihre fertigen Produkte erfüllen müssen.
- Erstellen Sie einen Arbeitsplan, in dem Sie die Arbeitssicherheit und ein HACCP-Konzept berücksichtigen.

Durchführen

- Stellen Sie die Rohpökelwaren her und lagern Sie diese fachgerecht.
- Finden Sie Argumente, mit denen Sie Ihre Produkte bewerben können.

Bewerten

- Beurteilen Sie Ihre Rohpökelwaren anhand Ihres Kriterienkatalogs.
- Überprüfen Sie Ihren Arbeitsplan, ob er alle Arbeitsschritte enthält und ausreichend beschreibt.
- Waren Ihre Unfallverhütungs- und Hygienemaßnahmen ausreichend?

Wiederholen

1. Sie füllen 13,0 kg einer 16 %igen Lake mit 5,0 l Wasser auf.
Welche Schärfe hat diese neue Lake?

2. Sie schütten zu 25,0 l einer 8 %igen Lake 2,0 l Salz.
Welche Schärfe hat diese neue Lake?

3. Sie mischen 8,0 l einer 9 %igen Lake mit 12,0 l einer 14 %igen Lake.
Welche Schärfe hat die neue Lake?

4. Sie haben 15,0 l einer 9,5 %igen Lake.
Wie viel Kilogramm Salz müssen Sie zugeben, damit die neue Lake 12 % hat?

5. Sie haben 25,0 l einer 13 %igen Lake.
Wie viel Liter Wasser müssen Sie zugeben, damit die neue Lake 10 % hat?

6. Sie benötigen 60,0 l einer 14 %igen Lake. Für die Herstellung wollen Sie eine vorhandene 12 %ige Lake verwenden, von der Sie 35,0 l haben. Wie viel Liter Wasser und wie viel Salz müssen Sie zugeben?

7. Ein Pökelbehälter von 60 cm Länge und 50 cm Breite wird 25 cm hoch mit Wasser gefüllt.
Wie viel Kilogramm Pökelsalz sind zuzugeben,
damit man eine 12 %ige Lake erhält?

8. Schinken wird mit 18 % seines Gewichts gespritzt. Bei diesem Schinken beträgt die Einspritzmenge 540 g.

a) Wie viel Kilogramm wiegt der gespritzte Schinken?

b) Wie viel Kilogramm Salz und Liter Wasser benötigt man, wenn die Lake 12 % scharf sein soll?

c) Wie hoch ist der Fremdwasseranteil im gespritzten Schinken?

Name: .... **Klasse:** .... **Datum:** ....

Jens Witte möchte seiner Freundin die ganze Palette der Kochstreichwürste vorstellen. Sein Meister erlaubt ihm, verschiedene Erzeugnisse herzustellen.

Orientieren

Informieren

Konsistenz:	☐ streichfähig ☐ schnittfest
Die Wurst erhält ihre Festigkeit durch:	☐ erstarrtes Fett ☐ eine Gallertenmasse ☐ geronnenes Blut
Alle Zutaten werden vor der Verarbeitung gekocht.	Ausnahme: ....
Bei grober Leberwurst verarbeitet man Einlagen.	Beispiele: ◗ .... ◗ ....

A Einteilung der Kochstreichwürste

a) Arten von Kochstreichwürsten

- Kochmettwürste, z. B. .... Bestandteile: ....
- .... z. B. .... Bestandteile: ....
- .... z. B. .... Bestandteile: ....

b) Lebergehalt

Wenn eine Kochstreichwurst als Leberwurst oder Leberpastete bezeichnet wird, muss der Lebergehalt normalerweise zwischen .... und .... liegen.

Bei einigen Würsten erlauben die Leitsätze auch einen niedrigeren Lebergehalt.

Beispiele: ....

c) BEFFE

Als weiteren qualitätsbestimmenden Inhaltsstoff nennen die Leitsätze das

BEFFE = ...

Höchster geforderter BEFFE-Gehalt in den Leitsätzen für Kochstreichwürste:

.... % bei der ....

Niedrigster geforderter BEFFE-Gehalt in den Leitsätzen für Kochstreichwürste:

.... % beim ....

B Rohstoffauswahl

a) Fleischauswahl

	Tierart	Begründung
häufig verarbeitet		
selten verarbeitet		
ungeeignet		

Es wäre am besten, schlachtwarmes Fleisch zu verarbeiten. Begründung:

b) Fettauswahl

Folgende Fettgewebe vom Schwein werden für die Herstellung von Kochstreichwürsten verwendet:

Begründung:

C Aufmachung und Bezeichnung von Wurstwaren

Der Fleischer kann seinen Erzeugnissen durch Aufmachung oder Bezeichnung den Anschein einer höheren Qualität geben.
Mögliche aufwertende Aufmachungen sind:

-
-

Mögliche aufwertende Bezeichnungen lauten:

-
-
-

Erzeugnisse, die so hervorgehoben werden,

Der BEEFE-Gehalt muss

Achtung:
Auch die Bezeichnung „fein“ ist eine aufwertende Bezeichnung. Die richtige Bezeichnung für eine Leberwurst, die im Anschnitt völlig gleichmäßig ist, könnte lauten:

-
-
-

Name: .... Klasse: .... Datum: ....

D Die Emulsion

a) Emulsion

Definition: ....

....

- natürliche Emulsionen sind: ....
- künstliche Emulsionen sind: ....

b) Emulgator

Definition: ....

....

- natürliche Emulgatoren sind: ....
- künstliche Emulgatoren sind: ....
  ....
  ....

c) Wirkungsweise von Emulgatoren

Die beiden Enden der Emulgatoren reagieren unterschiedlich.

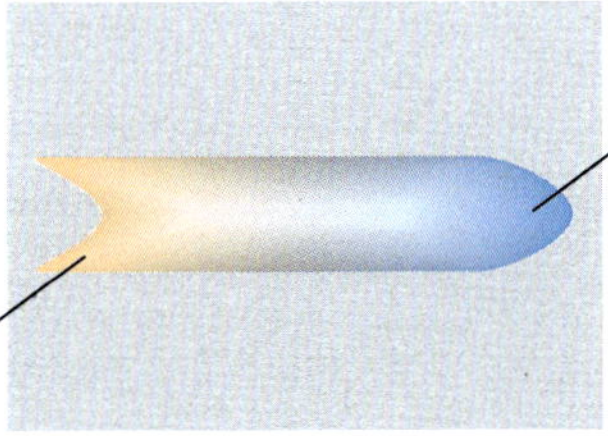

....
....

....
....

Bringt man einen Emulgator in ein Gemisch aus Fett und Wasser,

....

Treffen nun zwei Fetttröpfchen aufeinander,

....

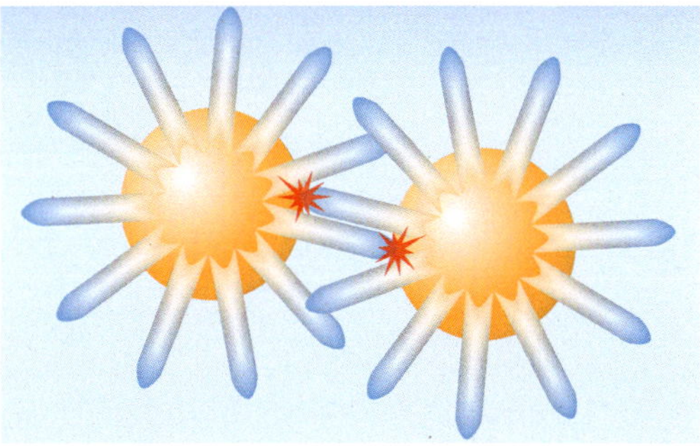

Die Fetttröpfchen fließen also nicht mehr zusammen.

➜ Es entstehen keine ....

➜ Das Gemisch ....

	Gemisch aus Öl und Wasser	
	ohne Emulgator	**mit Emulgator**
Öl und Wasser zusammengeben. 	Öl schwimmt oben, Wasser schwimmt unten.	Öl schwimmt oben, Wasser schwimmt unten. Der Emulgator ....
Flüssigkeit kräftig umrühren. 	Es bilden sich feine Fetttröpfchen im Wasser. Die Flüssigkeit wird	Es bilden sich .... Die Flüssigkeit wird .... Der Emulgator ....
Flüssigkeit stehen lassen.	Die Fetttröpfchen .... Die Mischung .... Die Flüssigkeit .... 	Der Emulgator verhindert, ... Die Mischung .... Die Flüssigkeit .... 

Name: ………………………… Klasse: ………… Datum: …………

E Herstellung von fein gekutterter Leberwurst

A Maschinen und Werkzeuge vorbereiten	Welche Maschinen werden benötigt?	
B Material auswählen	Welche Lebensmittel, die nicht beim Schlachten gewonnen werden, darf man bei der Herstellung von Kochstreichwürsten verarbeiten?	
C Fleisch und Fettgewebe vorgaren	Warum soll das Material möglichst schonend gegart werden?	
D Leber vorbereiten, wolfen, blasig kuttern	Warum müssen aus der rohen Leber die Gallengänge entfernt werden?	
E Fleisch und Fettgewebe wolfen	Welche Sicherheitsvorschriften muss man beim Umgang mit dem Fleischwolf beachten?	◗ … ◗ … ◗ …
F Leber, Fleisch und Fettgewebe mit Zutaten fein kuttern	Zugabe der Leber bei einer Temperatur von: Endtemperatur:	
G Füllen	Geeignete Naturdärme vom Schwein: ◗ … ◗ … ◗ …	Geeignete Naturdärme vom Rind: ◗ … ◗ …
H Garen	Folgen von zu langem oder zu heißem Garen: Folgen von zu kurzem oder zu kaltem Garen:	◗ … ◗ … ◗ …

1 KOCHSTREICHWÜRSTE HERSTELLEN

Planen

- Sammeln Sie Rezepte für verschiedene Kochstreichwürste.
- Erstellen Sie einen Katalog von Kriterien, die Ihre fertigen Produkte erfüllen müssen.
- Erstellen Sie einen Arbeitsplan, in dem Sie die Arbeitssicherheit und ein HACCP-Konzept berücksichtigen

Durchführen

- Stellen Sie die Kochstreichwürste her und lagern Sie diese fachgerecht.
- Finden Sie Argumente, mit denen Sie Ihre Produkte bewerben können.

Bewerten

- Beurteilen Sie Ihre Kochstreichwürste anhand Ihres Kriterienkatalogs.
- Überprüfen Sie Ihren Arbeitsplan, ob er alle Arbeitsschritte enthält und ausreichend beschreibt.
- Waren Ihre Unfallverhütungs- und Hygienemaßnahmen ausreichend?

Wiederholen

1. Ordnen Sie den Begriffen aus der Gruppe 1 jeweils einen passenden Begriff aus der Gruppe 2 zu.
   Gruppe 1: Umrötehilfsmittel, Pökelstoff, Emulgator, Geschmacksverstärker, Gewürz, Saitling, Pinkel, Flomen
   Gruppe 2: Ascorbat, Nitrit, Lebereiweiß, Glutamat, Kardamom, Wursthülle, Kochstreichwurst, Fettgewebe

Gruppe 1	Gruppe 2

Name: Klasse: Datum:

2. Berechnen Sie für folgende Rezepte jeweils in Prozent den BEFFE-Gehalt, den Lebergehalt und den Fettgehalt in der Wurstmasse. Die Verluste beim Brühen von Fleisch und Speck werden nicht berücksichtigt.

a) Sahneleberwurst

- 30,0 kg Schweineleber (Fettgehalt 12 %)
- 12,0 kg Schweinefleisch II
- 50,0 kg Schweinefleisch X
- 5,0 kg Sahne (Fettgehalt 30 %)
- 3,0 kg Wasser
- Zutaten je kg Material: 40 g/kg

b) Kalbsleberwurst

- 25,0 kg Schweineleber
- 15,0 kg Kalbfleisch II
- 50,0 kg Schweinefleisch IV
- 10,0 kg Wasser
- Zutaten je kg Material: 38 g/kg

c) Pfälzer Leberwurst

- 20,0 kg Schweineleber
- 20,0 kg Schweinefleisch V
- 25,0 kg Schweinefleisch VI
- 25,0 kg Schweinefleisch IX
- 10,0 kg Wasser
- Zutaten je kg Material: 28g/kg

2 SÜLZWÜRSTE HERSTELLEN

Orientieren

Informieren

Die Fleicherei Baringer plant eine Aktionswoche zum Thema „energiearme Ernährung“. Aus diesem Anlass sollen Sie ein Sortiment an fettarmen Sülzwürsten herstellen.

Konsistenz:	☐ streichfähig ☐ schnittfest
Die Wurst erhält ihre Festigkeit durch:	☐ erstarrtes Fett ☐ eine Gallertenmasse ☐ geronnenes Blut
Alle Zutaten werden vor der Verarbeitung gekocht.	Ausnahme: ....
Bei Sülzwurst verarbeitet man Einlagen.	Beispiele: ◗ .... ◗ .... ◗ .... ◗ .... ◗ ....

A Einteilung der Sülzwürste

- Sülze: ....
- ....: ....
- ....: ....

....

B Das Kollagen

Zeichnen Sie in die unten stehenden Kästchen schematisch ein, wie das Kollageneiweiß im Wasser verteilt ist. Beschreiben Sie kurz, wie sich die Eiweißfäden im Wasser verhalten.

vor dem Quellen		Die Eiweißfäden sind dünn und nicht im Wasser gelöst.
nach dem Quellen		Die Eiweißfäden sind ....
Solzustand		Die Eiweißfäden sind im Wasser ....
Gelzustand		....

Name: ……………… **Klasse:** ……… **Datum:** ………

C Herstellung der Gallertmasse

a) Verwendung von Schwartenbrei

Rohstoff: ……………………………………

Verarbeitung: Schwarten kochen, bis ……………………………………

……………………………………………………………………

b) Verwendung von Schwartenbrühe

Rohstoff: ……………………………………

Verarbeitung: Schwarten gründlich reinigen und in Salzlake wässern.

……………………………………………………………………

……………………………………………………………………

Den Sud …………………………………… klären.

c) Verwendung von Aspik

Rohstoff: ……………………………………

Verarbeitung: Aspikpulver ……………………………………

……………………………………………………………………

Als Brühe eignet sich:

- ……………………
- ……………………
- ……………………

Ursachen für eine zu weiche Gallertenmasse (➜ Schülerbuch Seite 170 f.)

Es ist zu wenig Kollagen in der Gallertenmasse.	◗ zu viel Wasser ◗ ……………… ◗ ………………
Die Gelatine hat eine schlechte Qualität.	Maßzahl: ……………… Hochwertige Gelatine: ………………
Der pH-Wert des Produkts ist zu niedrig	……………… ………………
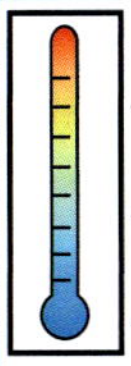 ……………… ……………… ………………	……………… ……………… ………………
……………… ………………	……………… ………………

D Herstellung von Sülzwürsten

A Maschinen und Werkzeuge vorbereiten	Welche Maschinen werden benötigt?	....
B Material auswählen	Geeignete Einlagen:	....
C Fleisch und Fettgewebe vorgaren	Wie wird das Fleisch für Corned Meat vorbereitet?	◗ .... ◗ .... ◗ ....
D Gallertenmasse herstellen	Ergänzen Sie und ordnen Sie zu: (siehe Tabelle unten)	
E Material und Zutaten vermengen	Warum muss das Fleisch vor dem Untermengen mit heißem Wasser abgeschwenkt werden?	....
F Füllen Geeignete Naturdärme vom Schwein: ◗ .... ◗ .... ◗	Geeignete Naturdärme vom Rind: ◗ .... ◗	Geeignete Naturdärme vom Schaf: ◗ ....
G Garen	Warum müssen Sülzwürste gegart werden?	....
H Abkühlen	Warum muss man manche Sülzwürste beim Abkühlen mehrmals wenden?	....

Tabelle zu D:

	Sülze	Presswurst	....
Aspikpulver			
.... brei			
....			

Name: .... **Klasse:** .... **Datum:** ....

Planen

- Sammeln Sie Rezepte für verschiedene fettarme Sülzwürste.
- Erstellen Sie einen Katalog von Kriterien, die Ihre fertigen Produkte erfüllen müssen.
- Erstellen Sie einen Arbeitsplan, in dem Sie die Arbeitssicherheit und ein HACCP-Konzept berücksichtigen.

Durchführen

- Stellen Sie die Sülzwürste her und lagern Sie diese fachgerecht.
- Finden Sie Argumente, mit denen Sie im Lauf der Aktionswoche zur energiearmen Ernährung Ihre Produkte bewerben können.

Bewerten

- Beurteilen Sie Ihre Sülzwürste anhand Ihres Kriterienkatalogs.
- Überprüfen Sie Ihren Arbeitsplan, ob er alle Arbeitsschritte enthält und ausreichend beschreibt.
- Waren Ihre Unfallverhütungs- und Hygienemaßnahmen ausreichend?

Wiederholen

Berechnen Sie für folgende Rezepte den Fettgehalt, den Gallertenanteil sowie die Materialkosten für 1,0 kg gegarte Wurst.

a) Delikatess-Schinkensülze

20,0 kg	gepökeltes und gegartes Schweinefleisch I aus der Keule	3,85 €/kg
50,0 kg	gepökeltes und gegartes Schweinefleisch II aus der Keule	3,65 €/kg
30,0 kg	Gemüsebrühe	0,35 €/kg
2,2 kg	Aspikpulver	5,45 €/kg
Zutaten je kg Material:		
15 g/kg	Kochsalz	0,20 €/kg
10 g/kg	Gewürze	8,45 €/kg

Der Gewinn beim Pökeln und der Verlust beim Garen des Fleischs gleichen sich aus.
Beim Garen der Wurst entsteht ein Verlust von 2 %.

b) Putensülze

50,0 kg	gegartes Putenfleisch	2,98 €/kg (rohes Putenfleisch)
6,0 kg	Champignons	1,59 €/kg
3,0 kg	Silberzwiebeln	0,48 €/kg
1,0 kg	Möhren	1,12 €/kg
40,0 kg	Gemüsebrühe	0,39 €/kg
1,9 kg	Aspikpulver	4,49 €/kg
Zutaten je kg Material:		
18 g/kg	Kochsalz	0,22 €/kg
8 g/kg	Gewürze	9,25 €/kg

Die Putenbrust verliert beim Vorgaren 8 % ihres Gewichts. Die Wurst verliert beim Garen 1,5 % ihres Gewichts. Für den Fettgehalt der Zutaten verwenden Sie die Nährwerttabelle des Fachbuchs für die Grundstufe.

Name: .... Klasse: .... Datum: ....

Orientieren

Die Buchheim Fleisch KG möchte in Zukunft mehrere unterschiedliche Blutwurstsorten anbieten.
Dieter Kallmund soll verschiedene Blutwurstspezialitäten erproben, um so Möglichkeiten für die Ausweitung des Sortiments zu bieten.

Informieren

Konsistenz:	☐ streichfähig ☐ schnittfest
Die Wurst erhält ihre Festigkeit durch:	☐ erstarrtes Fett ☐ eine Gallertenmasse ☐ geronnenes Blut
Alle Zutaten werden vor der Verarbeitung gekocht.	Ausnahme: ....
Bei Blutwurst verarbeitet man Einlagen.	Beispiele: • .... • .... • .... • ....

A Rechtliche Bestimmungen

Definition: Blutwürste sind Kochwürste, bei deren ....

....

Zu der Gruppe der Blutwürste gehören:

- Thüringer Rotwurst: Ihre Konsistenz erinnert an eine Sülzwurst.
- Frische Blutwurst: ....
- Speckwurst: ....

  ....

B Die Farbe der Blutwurst

a) Herstellung einer Blutwurst ohne die Verwendung von Pökelstoffen

Farbe der fertigen Blutwurst: ....

Begründung: ....

....

Beispiele: ....

....

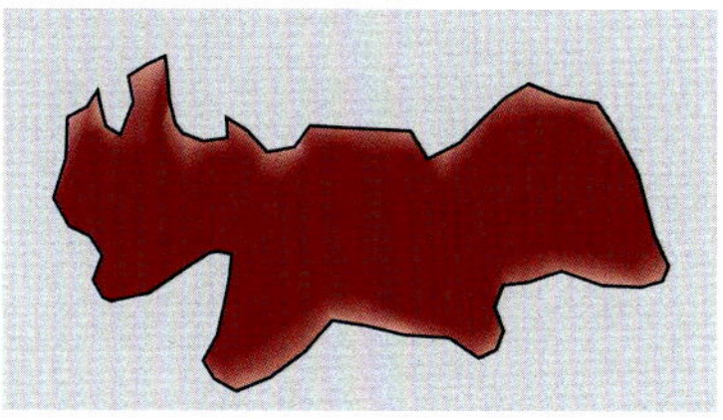

b) Herstellung einer Blutwurst unter Verwendung von Pökelstoffen

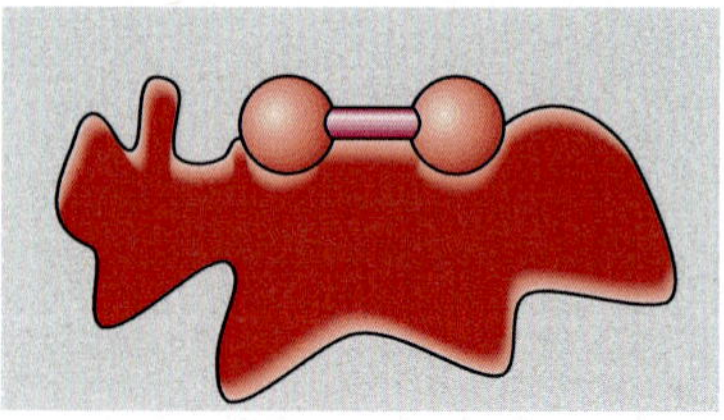

Farbe der fertigen Blutwurst: ....

Begründung: ....

....

....

Geeigneter Pökelstoff: ....

Geeigneter Pökelhilfsstoff: ....

Beispiele: ....

C Die Blutschwartenmasse

a) Herstellung

- Schwarten garen, bis ....

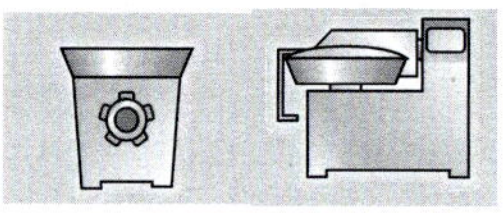

- ....

- ....

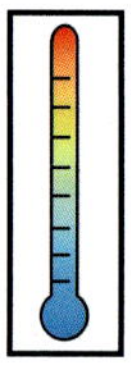

- Die Endtemperatur der Blutschwartenmasse liegt bei ....

b) Bindung durch das Blut

Zeichnen Sie in die unten stehenden Kästchen schematisch ein, wie das Bluteiweiß in der Flüssigkeit verteilt ist. Beschreiben Sie kurz, wie sich die Eiweißfäden in der Flüssigkeit verhalten.

vor dem Erhitzen		Die Eiweißfäden sind in der Flüssigkeit ....
nach dem Erhitzen		....

Name: .... Klasse: .... Datum: ....

D Herstellung von Blutwurst

A Maschinen und Werkzeuge vorbereiten	Welche Maschinen werden benötigt?	◗ .... ◗ .... ◗ .... ◗ ....
B Material auswählen	Welcher Speck eignet sich am besten für Speckwurst?	....
C Fleisch und Fettgewebe vorgaren	Warum muss der Speck vorgegart werden?	....
D Blutschwartenmasse herstellen	Warum muss das Blut angewärmt werden?	....
E Material und Zutaten vermengen	Wie erreicht man, dass bei der Zungenrotwurst die Zungen gleichmäßig im Anschnitt verteilt sind?	....
F Füllen Geeignete Naturdärme vom Schwein: ◗ .... ◗ .... ◗ .... ◗ .... ◗	Geeignete Naturdärme vom Rind: ◗ .... ◗	Geeignete Naturdärme vom Schaf: ◗ ....
G Garen	Warum muss Blutwurstmasse erhitzt werden?	....
H evtl. Räuchern	Bei welcher Temperatur werden Blutwürste im Naturdarm geräuchert?	....

Planen

- Sammeln Sie Rezepte für verschiedene Blutwurstspezialitäten.
- Erstellen Sie einen Katalog von Kriterien, die Ihre Wurstsorten erfüllen müssen, damit sie zu einer erfolgreichen Ausweitung des Sortiments beitragen können.
- Erstellen Sie einen Arbeitsplan, in dem Sie die Arbeitssicherheit und ein HACCP-Konzept berücksichtigen.

Durchführen

- Stellen Sie die Blutwürste her und lagern Sie diese fachgerecht.
- Finden Sie Argumente, mit denen Sie Kunden für diese Spezialitäten gewinnen können.

Bewerten

- Beurteilen Sie Ihre Blutwürste anhand Ihres Kriterienkatalogs.
- Überprüfen Sie Ihren Arbeitsplan, ob er alle Arbeitsschritte enthält und ausreichend beschreibt.
- Waren Ihre Unfallverhütungs- und Hygienemaßnahmen ausreichend?

Wiederholen

Stellen Sie Wurstwaren nach folgenden Rezepten her.

a) Filetblutwurst

- 10,0 kg Schweineblut
- 10,0 kg gegarte Schwarten
- 10,0 kg Brühe
- 70,0 kg gepökeltes und gegartes Schweinefilet

Zutaten je kg Material:
- 18 g/kg Kochsalz
- 6 g/kg Gewürze

Beim Schweinefleisch gleichen sich der Gewinn beim Pökeln und der Verlust beim Garen aus. Die Wurst verliert beim Garen15 % ihres Gewichts. Bei der Herstellung entstehen 43 % Gemeinkosten, im Verkauf 48 %. Der Betrieb setzt 4 % Gewinn an.
Wie viel kosten 350 g Filetblutwurst im Verkauf, wenn Sie die gesetzliche Mehrwertsteuer berücksichtigen?

Name: Klasse: Datum:

b) Speckwurst

- 50,0 kg gegartes Schweinefleisch VIII
- 30,0 kg gegarte Schwarten
- 15,0 kg Schweineblut
- 5,0 kg Brühe

Zutaten je kg Material:
- 21 g/kg Kochsalz
- 25 g Zwiebeln
- 6 g/kg Gewürze

Beim Filet gleichen sich der Gewinn beim Pökeln und der Verlust beim Garen aus. Die Wurst verliert beim Garen 3 % ihres Gewichts. Bei der Herstellung entstehen 42 % Gemeinkosten, im Verkauf 38 %. Der Betrieb setzt 8 % Gewinn an.
Wie viel kosten 460 g Speckwurst im Verkauf, wenn Sie die gesetzliche Mehrwertsteuer berücksichtigen?

Name: .... Klasse: .... Datum: ....

Für eine Kantine sollen der Geselle Jochen Brandt und die Auszubildende Michaela Föhring von der Buchheim Fleisch KG Wiener Würstchen herstellen.

Orientieren

Informieren

A Gesetzliche Bestimmungen und Richtlinien

a) Einteilung der Brühwürste nach den Leitsätzen

2.22 Brühwürste

2.221	**2.222**	**2.223**	**2.224** ....
....	....	....	....

Beispiele:	**Beispiele:**	**Beispiele:**	**Beispiele:**
....	....	....	....
....	....	....	....
....	....	....	....
....	....	....	....
....	....	....	....
....	....	....	....
....	....	....	....

b) Zusatzstoffe nach der Zusatzstoff-Zulassungs-Verordnung

Zusatzstoffe sind keine Lebensmittel. Aber sie sind zur Herstellung von Lebensmitteln zugelassen. Allerdings nur dann, wenn

- ....
- ....
- ....

Zum Umröten bei Brühwurst ist laut Zusatzstoff-Verkehrs-Verordnung zugelassen: ....

Es besteht in der Regel aus .... % Nitrit und .... % aus Kochsalz.

Eine Höchstmenge an reinem Nitrit von 150 mg darf pro Kilogramm Wurstmasse nicht überschritten werden. Zur Unterstützung der Umrötung werden verwendet:

....

....

Zutaten nach der Aromenverordnung und weitere Zutaten

Die Zugabe von Rauch zum Räuchern von Fleischerzeugnissen wird geregelt in der Aromenverordnung. Frisch entwickelter Rauch darf nur erzeugt werden aus:

....

Grenzwert für das krebserregende Benz(a)pyren: .... (........................ g) pro Kilogramm.

Maximale Zugabe von Zucker (laut Leitsätzen): .... (....... g) pro Kilogramm.

B Gewürze zur Brühwurstherstellung

Nennen Sie die wichtigsten Naturgewürze, Knollen und Kräuter und geben Sie Beispiele für ihre Verwendung.

Typische Naturgewürze

....

....

....

....

....

....

....

....

....

....

....

....

....

....

....

....

Knollen und Kräuter

....

....

....

....

....

....

Name: .... **Klasse:** .... **Datum:** ....

C Fleisch- und Speckauswahl

a) Fleischauswahl

Am besten geeignet ist ....

Die Warmfleisch-Verarbeitung bietet viele Vorteile: ....

....

....

Die Warmfleischeigenschaften können erhalten werden durch:

- ....
- ....
- ....
- ....

b) Speckauswahl

Am besten geeignet sind:

....

....

D Kutterverfahren

Einphasige Herstellung – Aufbaumethode (Magerbrätverfahren)

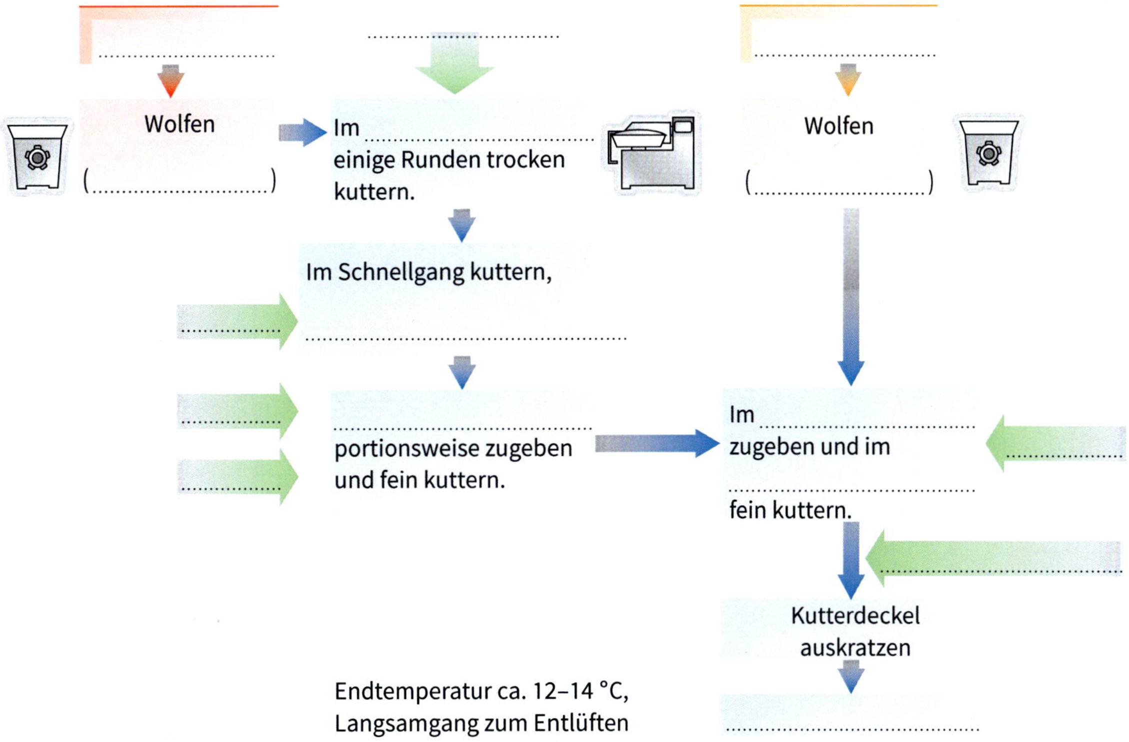

E Herstellung

<table>
<tr><td>Maschinen und Werkzeuge vorbereiten</td><td>Benötigte Maschinen:</td><td colspan="4">..........
....
..........</td></tr>
<tr><td>Zutaten auswählen</td><td>Zutaten (außer Fleisch und Speck):</td><td colspan="4">..........
..........</td></tr>
<tr><td>Fleisch und Fettgewebe auswählen</td><td>Vorteile der WFV:</td><td colspan="4">..........</td></tr>
<tr><td>Fleisch und Fettgewebe wolfen</td><td>Scheibengröße für warmes Fleisch:</td><td colspan="4">..........
..........</td></tr>
<tr><td>Brät kuttern</td><td>Sicherheitsvorschriften beim Umgang mit dem Kutter:</td><td colspan="4">- ....
....
- ....
- ....
- ....</td></tr>
<tr><td>Wursthüllen</td><td>Geeignete Wursthüllen:</td><td colspan="4">..........
..........</td></tr>
<tr><td>Füllen</td><td>Vorteile eines Vakuumfüllers:</td><td colspan="4">..........
..........</td></tr>
<tr><td rowspan="6">Räuchern und Brühen</td><td>Dauer:</td><td>Temperatur:</td><td>Feuchte:</td><td colspan="2">Verfahren:</td></tr>
<tr><td>20 min</td><td>50 °C</td><td>–</td><td colspan="2">umröten</td></tr>
<tr><td>..........</td><td>..........</td><td>..........</td><td colspan="2">..........</td></tr>
<tr><td>..........</td><td>..........</td><td>..........</td><td colspan="2">..........</td></tr>
<tr><td>..........</td><td>..........</td><td>..........</td><td colspan="2">..........</td></tr>
<tr><td>..........</td><td>..........</td><td>..........</td><td colspan="2">..........</td></tr>
<tr><td>Abkühlen</td><td>Abkühlverfahren:</td><td colspan="4">..........
....
..........</td></tr>
<tr><td>Lagern</td><td>Temperatur und Ort:</td><td colspan="4">..........</td></tr>
</table>

Name: **Klasse:** **Datum:**

Planen

1. Erstellen Sie eine Rezeptur für Wiener Würstchen.
2. Wählen Sie die geeigneten Materialien und Gewürze aus.
3. Errechnen Sie die benötigten Mengen.
4. Wählen Sie die Maschinen und Geräte aus.
5. Legen Sie den Arbeitsablauf fest und erstellen Sie eine Liste mit den kritischen Kontrollpunkten nach HACCP.
6. Überprüfen Sie den BEFFE-Gehalt Ihrer Wurst.

Durchführen

1. Stellen Sie die Brühwurst her.
2. Überprüfen Sie den Herstellungsablauf entsprechend den kritischen Kontrollpunkten nach HACCP und halten Sie diese auf einer vorbereiteten Liste fest.
3. Berechnen Sie die prozentualen Verluste von der Herstellung bis zum Verkauf.

Bewerten

1. Bewerten Sie die Brühwurst und überprüfen Sie diese auf eventuelle Mängel.
2. Leiten Sie vom Ergebnis der Überprüfung eventuelle Verbesserungsvorschläge ab.

Wiederholen

1. 15,0 kg frische Wiener wurden geräuchert und gebrüht. Nach der Herstellung wogen sie 14,1 kg. Wie hoch ist der Herstellungsverlust in Prozent?

2. Erfahrungsgemäß verlieren Wiener beim Räuchern und Brühen 8,5 %. Eine Charge wog nach der Herstellung 15,555 kg. Wie viel wogen die Würstchen vor der Herstellung?

3. Michaela Föhring muss überprüfen, ob der geforderte BEFFE-Wert von 8 % bei den Wienern mit der nachfolgenden Rezeptur eingehalten wird. Diese besteht aus 8,0 kg R II, 8,8 kg S III, 4,0 kg S VI, 9,6 kg S IX, 9,6 kg Eis und 1,040 kg Zutaten insgesamt. Bei der Herstellung und Lagerung gehen 2,873 kg verloren.
BEFFE-Gehalte: R II = 17 %, S III = 16,1 %, S VI = 7 %, S IX = 2,5 %

4. Ergänzen Sie in der folgenden Tabelle die fehlenden Werte.

Materialgewicht	25,0 kg		kg		kg	
Herstellungsverluste	3,000 kg	%	kg	7,0 %	kg	11 %
Herstellungsgewicht	kg		kg		31,15 kg	
Verkaufsverluste	kg	%	kg	2,5 %	1,246 kg	%
Verkaufsgewicht	21,67 kg		16,575 kg		kg	

5. Ergänzen Sie in der folgenden Tabelle die fehlenden Werte.

Fertiggewicht der ungebrühten` Wurst	42,0 kg	21,0 kg	16,2 kg	kg
Herstellungsverlust der Wurst in %	5 %	%	10 %	4,5 %
Herstellungsgewicht in kg	39,9 kg	19,74 kg	kg	kg
BEFFE-Gehalt in %	7 %	%	%	8 %
BEFFE in kg	kg	0,987 kg	1,312 kg	1,528 kg

Wiederholen

6. Kreuzworträtsel

1) Wie heißt der Oberbegriff für alle Wurstgattungen in den Leitsätzen?

W _ _ _ _ _ _ _ _ _

2) Wie heißt der Zusatzstoff, der im NPS enthalten ist?

N _ _ _ _ _

3) Wie heißt das Eiweiß, das laut Leitsätzen in jeder Brühwurst einen bestimmten Prozentsatz erreichen muss?

B _ _ _ _

4) Wie heißt ein Umrötehilfsmittel?

A _ _ _ _ _ _ _ _ _ _ _ _ _

5) Was gibt man bei der Wienerherstellung als „weitere Zutat“ zu?

Z _ _ _ _ _

6) Womit werden Wiener nach dem Füllen behandeln?

R _ _ _ _

7) Welche Zutaten sollen den Geschmack von Wurstwaren verbessern?

G _ _ _ _ _ _ _

8) Nennen Sie ein Brühwurstgewürz.

M _ _ _ _ _

9) Nennen Sie das wichtigste Brühwurstgewürz.

P _ _ _ _ _ _

10) Nennen Sie ein Gewürz, das manchen Brühwürsten Farbe verleiht.

P _ _ _ _ _ _

11) Nennen Sie ein Gartenkraut, das gerne in Weißwurst verarbeitet wird.

P _ _ _ _ _ _ _ _ _

12) Wie heißt das dreiwertige fleischeigene Phosphat im Warmfleisch?

A _ _

13) Nennen Sie das Eiweiß, das bei der Muskelverkürzung eine Rolle spielt.

A _ _ _ _

14) Wie lautet der Oberbegriff für Därme?

W _ _ _ _ _ _ _ _ _ _ _

15) Was gibt man hinzu, damit Würstchen beim Räuchern in der Kammer nicht zu sehr schrumpfen?

F _ _ _ _ _ _

16) Welcher Vorgang schließt sich an, wenn die Wiener geräuchert sind?

B _ _ _ _ _ _

Lösungswort:

_ _ _ _ _ _   _ _ _ _ _ _ _ _ _ _

Name: Klasse: Datum:

Die Auszubildende Michaela Föhring von der Buchheim Fleisch KG muss für den Gasthof „Zum Ochsen“ selbstständig Gelbwurst und Weißwürste herstellen.

Orientieren

Informieren

A Gesetzliche Bestimmungen und Richtlinien

a) Zusatzstoffe nach der Zusatzstoff-Zulassungs-Verordnung

Kuttersalze	Verwendung	Höchstzugabemenge
....	....	....
Citrate	....	....

- Wirkung der Kuttersalze: ....
- Kuttersalz mit der höchsten Wirksamkeit: ....

  Begründung: ....

Geschmacksverstärker	Verwendung	Höchstzugabemenge
....	....	.... übliche Zugabenmenge: ....

- Wirkung der Geschmacksverstärker: ....

Emulgatoren	Verwendung	Höchstzugabemenge
....	....	....

- Der Fleischer im Handwerksbereich setzt beim Kuttern von Brühwurst in der Regel .... Emulgator ein.

b) Fremdeiweiße und Stärke nach der Fleischverordnung zur Brühwurstherstellung

Will der Fleischer bei der Herstellung von Brühwurst keine Kuttersalze verarbeiten, so können stattdessen Fremdeiweiße und Stärke verwendet werden.

Fremdeiweiße und Stärke	Verwendung
Blutplasma	....
....	für alle Konserven
Milcheiweißerzeugnisse	....
....	für Pasteten, Rouladen und Galantinen
....	nur für hitzebehandelte Brühwursterzeugnisse
Pflanzeneiweiß, Stärke	....

B Technologie der Kaltfleischverarbeitung

Für die Verarbeitung zu Brühwurst bietet Kaltfleisch weitaus schlechtere Voraussetzungen als Warmfleisch. Begründung:

- ....
- ....

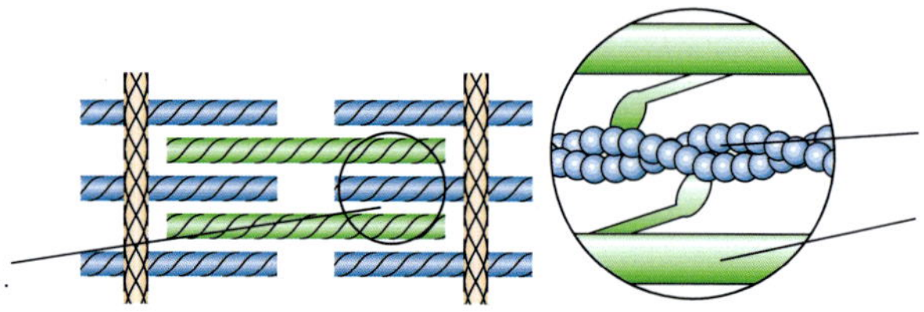

- ....
....
....
- ....

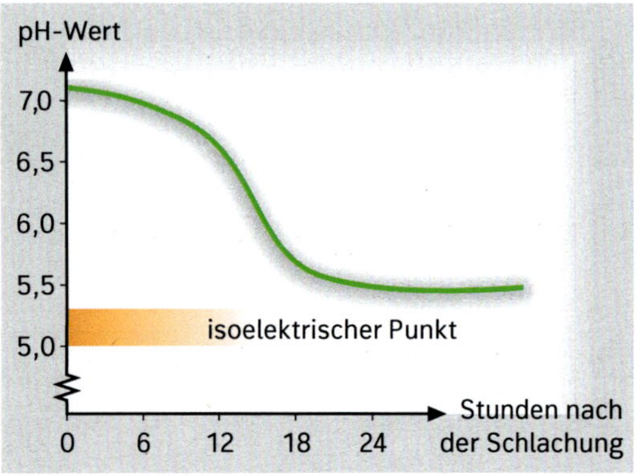

Das schlechteste Wasserbindevermögen liegt am .... Punkt bei einem pH-Wert von ....

Name: .... **Klasse:** .... **Datum:** ....

Um die Eigenschaften von Kaltfleisch zu verbessern, können Kuttersalze eingesetzt werden. Diese bewirken im kalten Fleisch, dass das Wasserbindevermögen wieder gesteigert wird. Sie sind zudem geschmacksneutral.

a) Eiweißstruktur ohne Kuttersalze

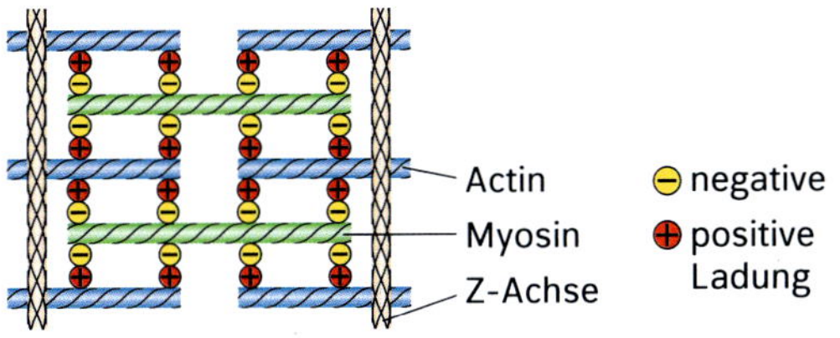

Ohne Kuttersalze sitzen an den Eiweißfäden genauso viele .... wie .... Ladungen.

- ....
- ....
- ....

b) Veränderung der Eiweißstruktur durch Kuttersalze

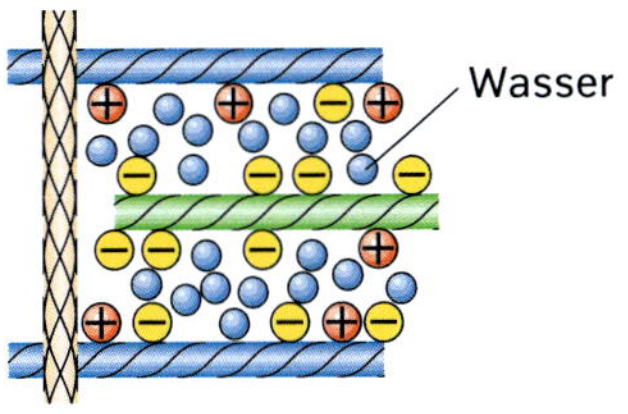

1. Die Kuttersalze verschieben den ....

- ....
- ....
- ....

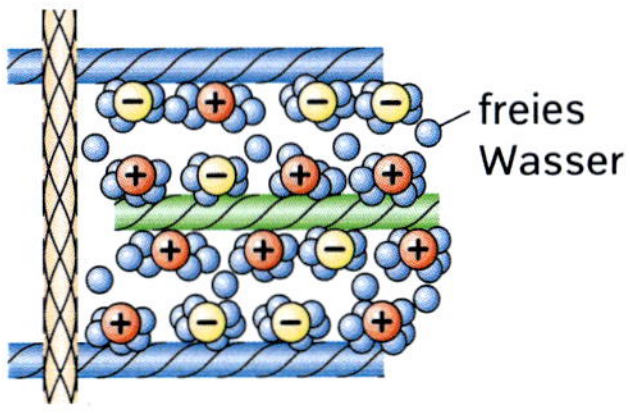

2. Die Kuttersalze ....

- Die Ionen ....
  ....
- ....
- ....
  ....

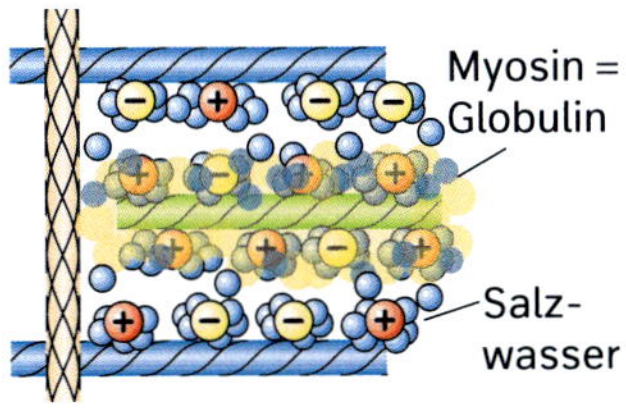

3. Globuline lösen sich im ....

- ....
  ....
- ....
- ....

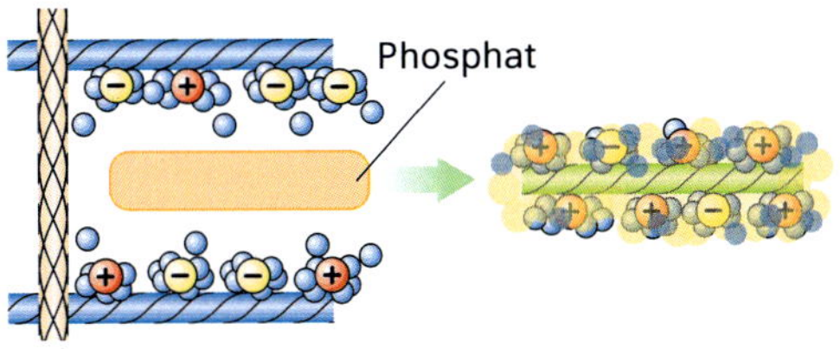

4. Das Phosphat trennt das .... und das ....

- ....
  ....
- ....
- ....

C Veränderungen des Fleischeiweißes beim Kuttern und Erhitzen

Zerkleinern des Fleisches

↓

Zugabe von Salz und Kutterhilfsmitteln

↓

Zugabe von Eis

↓

Wirkung dieser drei Arbeitsschritte:

Eiweißstoffe werden ▸ …………………… ▸ …………………… ▸ ……………………

Zugabe von Speck

↓

Begründung für die Zugabe zu diesem Zeitpunkt:

……………………………………………………………………………………

Erhitzen der Wurst

↓

Folgen:

- ……………………………………………………………………………………
- ……………………………………………………………………………………

D Kutterverfahren

a) Einphasige Herstellung – Ganzbrätmethode (All-in-Verfahren)

……………………………… (leicht angefroren) →  ← ……………………………… (leicht angefroren)

↓

……………………………… →
……………………………… →
……………………………… →

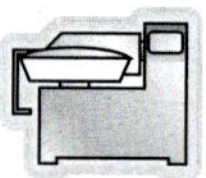

← ………………………………
← ………………………………

………………………………………………

↓

……………………………………………………………………………………

……………………………………………………………………………………

Name: .... Klasse: .... Datum: ....

b) Zweiphasige Herstellung – Fettbrätverfahren

Magerfleisch
leicht angefroren

wolfen
(2-mm-Scheibe)

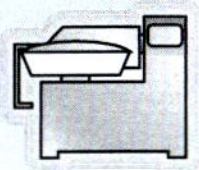

....

....

....

....

⅓ Eis → Im Schnellgang kuttern, bis das Eis aufgenommen ist.

.... → ....

.... → ....

....

Magerbrät
aus dem Kutter
nehmen

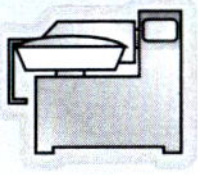

Speck
wolfen
(2-mm-Scheibe)

....

⅓ Magerbrät → Erste Portion in den Speck einarbeiten, anschließend in Etappen das restliche Magerbrät einkuttern; da sich bei dieser Art ein Fettfilm auf der Kutterschüssel bildet, mit dem Schlesinger gut aufarbeiten.

.... →

.... →

....

....

....

....

....

....

....

2 FEIN ZERKLEINERTE BRÜHWURST UND BRÜHWÜRSTCHEN ALS „WEISSE WARE“ HERSTELLEN

Planen

1. Erstellen Sie die Rezepturen für die „weiße Ware“.
2. Wählen Sie die geeigneten Materialien und Gewürze aus.
3. Errechnen Sie die benötigten Mengen.
4. Wählen Sie die Maschinen und Geräte aus.
5. Legen Sie den Arbeitsablauf fest.
6. Überprüfen Sie den BEFFE-Gehalt Ihrer Wurst.

Durchführen

1. Stellen Sie die Brühwurst her.
2. Überprüfen Sie den Herstellungsablauf entsprechend den kritischen Kontrollpunkten nach HACCP und halten Sie diese auf einer vorbereiteten Liste fest.
3. Berechnen Sie die prozentualen Verluste von der Herstellung bis zum Verkauf.

Bewerten

1. Bewerten Sie die Brühwurst und überprüfen Sie diese auf eventuelle Mängel.
2. Leiten Sie vom Ergebnis der Überprüfung eventuelle Verbesserungsvorschläge ab.

Wiederholen

1. Berechnen Sie den durchschnittlichen Materialpreis pro Kilogramm für die Gelbwurstrezeptur: 17,0 kg S II (2,98 €/kg), 11,0 kg R II (3,65 €/kg), 18,0 kg S IX (1,55 €/kg), 14,0 kg Eis (0,10 €/kg). Pro Kilogramm Wurstmasse werden zugesetzt: 20 g Kochsalz (0,65 €/kg), 3 g Kutterhilfsmittel (5,45 €/kg), 6 g Gewürzpräparat (10,80 €/kg). Des Weiteren werden 61 Kunstdärme je Stück zu 0,45 € benötigt.

Materialgewicht: ______

Materialpreis: ______

Materialpreis pro kg: ______

2. Rechnen Sie die Rezeptur auf 15,0 kg um!

Material:		Lösung:	Zutaten g/kg:		Lösung:
R II	12,0 kg		NPS	20 g	
S III	13,2 kg		Phosphat (KHM)	5 g	
S VI	6,0 kg		Gewürzpräparat	7 g	
S IX	15,0 kg		Petersilie	8 g	
Eis	13,8 kg		Zwiebeln	6 g	
Gesamt	60,0 kg	15,0 kg			

3. Aufschnittgrundbrät setzt sich aus folgender Grundrezeptur zusammen: $\frac{1}{5}$ Bullenfleisch, $\frac{1}{4}$ Schweinefleisch, $\frac{1}{10}$ Backen, $\frac{23}{100}$ Speck und $\frac{22}{100}$ Eis. Es stehen 10,0 kg Bullenfleisch zur Verfügung. Auf dieser Grundlage sollen die übrigen Materialien zusammengestellt werden.

______ Schweinefleisch ______ Backen

______ Speck ______ Eis

Name: **Klasse:** **Datum:**

Wiederholen

4. Ein Fleischer stellt Fleischwurst nach einem alten Familienrezept aus 5 Teilen Rindfleisch, 2 Teilen Schweinefleisch, 3 Teilen Speck und 4 Teilen Eis her.

a) Wie viel Kilogramm jeder Sorte sind erforderlich, um 65,0 kg (80,0 kg) herzustellen?

65,0 kg:			80,0 kg:		
		Rindfleisch			Rindfleisch
		Schweinefleisch			Schweinefleisch
		Speck			Speck
		Eis			Eis

b) Wie müsste er seine Rezeptur zusammenstellen, wenn 6,6 kg Speck vorhanden sind und dieser die Grundlage für die Rezepturberechung ist?

	Rindfleisch		Schweinefleisch		Eis

5. Ein Fleischer hat ein Bullenvorderviertel von 55,0 kg für netto 2,65 €/kg gekauft und will es zu Dosenwürstchen verarbeiten. Es liefert 44,0 kg schieres Fleisch. Der Fleischer rechnet auf 16 Teile Bullenfleisch 3 Teile Kalbfleisch, 5 Teile Schweinefleisch, 8 Teile Speck und 7 Teile Eis.

a) Wie viel Kilogramm Kalbfleisch, Schweinefleisch, Speck und Eis sind erforderlich?

	Kalbfleisch		Schweinefleisch
	Speck		Eis

b) Er rechnet pro Kilogramm Gesamtmasse mit 19 g/kg Nitritpökelsalz, 5 g/kg Kutterhilfsmittel, 6 g/kg Gewürzmischung und 1 g/kg Umrötehilfsmittel.
Errechnen Sie die Gesamtmengen der Zutaten.

	Nitritpökelsalz		Kutterhilfsmittel
	Gewürzmischung		Umrötehilfsmittel

6. Eine Rezeptur für Weißwurst besteht aus 25 % Jungrindfleisch R II, 22 % S II, 23 % S IX, 6 % Schwarten und 24 % Eis. Es sind noch 7,5 kg Jungrindfleisch vorhanden.
Berechnen Sie nach dem R II die anderen Materialien und die Gesamtmasse.

25 %	R II	7,5 kg
22 %	S II	
23 %	S IX	
6 %	Schwarten	
24 %	Eis	
Gesamtmasse		

Wiederholen

7. Kreuzworträtsel

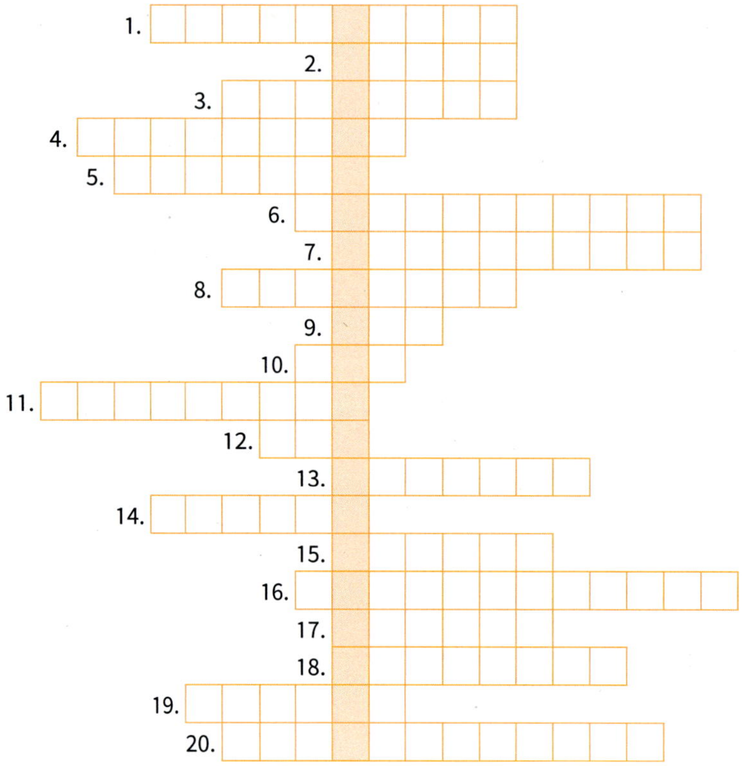

1. Eine Wurstgruppe, zu der Wiener, Göttinger und Bierschinken gehören.
2. Ein Eiweiß, das im ausgekühlten Fleisch mit einem anderen Eiweiß einen Komplex gebildet hat.
3. Ein im Handwerk viel verwendetes Kutterhilfsmittel.
4. Eine fein gekutterte Brühwurst, die mit Kochsalz hergestellt wird.
5. Kuttersalze aus der Zitronensäure.
6. Ein dreiwertiges Phosphat.
7. Ein Kutterhilfsmittel, das durch Zentrifugieren aus dem Blut gewonnen wird.
8. Ein natürlicher Emulgator, der sich im Eidotter befindet.
9. Die offizielle Abkürzung für Nitritpökelsalz.
10. Die Abkürzung für das zweiwertige fleischeigene Phosphat.
11. Die Umwandlung des Muskelzuckers zu Fleischmilchsäure.
12. Offizielle Abkürzung für Wasserbindevermögen.
13. Ein wichtiger Fleischinhaltsstoff, der bei der Brühwurstkutterung aufgeschlossen wird.
14. Die Maschine, mit der ein Brühwurstbrät hergestellt wird.
15. Ein Eiweiß, das im ausgekühlten Fleisch mit einem anderen Eiweiß einen Komplex gebildet hat.
16. Ein einwertiges Phosphat.
17. Eine Zutat zu manchen Brühwürsten, die in der Fleischverordnung geregelt ist.
18. Ein Geschmacksverbesserer.
19. Ein Stoff, der beim Kuttern von Brühwurst durch den Eiweißaufschluss gebunden wird.
20. Ein lateinischer Ausdruck, der bei der Zugabe von Zusatzstoffen keine Menge begrenzt.

Lösungswort:

Name: .... Klasse: .... Datum: ....

Für eine Gruppe von Wanderern soll eine Auswahl von länger haltbaren Brühwürsten hergestellt werden.

Orientieren

Informieren

A Einteilung entsprechend der Leitsätze

Die groben Brühwürste werden in den Leitsätzen als eine eigene Untergruppe der Brühwürste geführt.
In der Regel zählen auch **Brühwurst-Halbdauerwaren** zu den groben Brühwürsten.

Besondere Eigenschaften von Brühwurst-Halbdauerwaren:

- ....
- ....

Besonderheiten bei der Herstellung:

- ....
- ....
- ....

Grobe Brühwürste	Halbdauerwaren (auch grobe Brühwürste)
....	....
....	....
....	....
....	....
....	....
....	....
....	....
....	....
....	....
....	....

B Herstellung von groben Brühwürsten

Schildern Sie in Stichpunkten die Herstellung von grober Brühwurst.

Grundbrät: ....

Bestandteile der Einlage: ....

Vorbereitung der Einlage: ....

....

....

....

Am Verarbeitungstag: ....

....

....

Merke: Beim Vorsalzen entzieht das Salz dem Fleisch ....

....

....

Wursthüllen: ....

Nennen Sie Beispiele für grobe Brühwürste mit den entsprechenden Naturdärmen, in die sie gefüllt werden können.

Grobe Brühwürste	Naturdarm
▸	▸ ....
▸	▸ ....
▸	▸ ....
▸	▸ ....
▸	▸ ....

Nennen Sie Beispiele für grobe Brühwürste mit den entsprechenden Kunstdärmen, die Sie in Ihrem Betrieb verwenden.

Grobe Brühwürste	Kunstdarm
▸	▸ ....
▸	▸ ....

Räuchern: ....

Brühen: ....

Abkühlen: ....

Lagern: ....

Name: .... Klasse: .... Datum: ....

C Herstellung von groben Brühwürsten als Halbdauerwaren

Beschreiben Sie die Unterschiede bzw. die Besonderheiten bei der Herstellung von groben Brühwürsten im Vergleich zu Halbdauerwaren.

Grundbrät: ....

Vorbereitung der Einlage: ....

Vorbereitung der Einlage: ....

....

Salzzugabe und Würzung: ....

....

....

Wursthüllen: ....

....

Räuchern: ....

Garen: ....

....

Nachräuchern: ....

....

Merke: Beim Nachräuchern bekommen die die Halbdauerwaren ....

....

Lagern: ....

Planen

1. Erstellen Sie eine Rezeptur für grobe Brühwurst.
2. Wählen Sie die geeigneten Materialien und Gewürze aus.
3. Errechnen Sie die benötigten Mengen.
4. Wählen Sie die Maschinen und Geräte aus.
5. Legen Sie den Arbeitsablauf fest.
6. Überprüfen Sie den BEFFE-Gehalt Ihrer Wurst.

Durchführen

1. Stellen Sie die grobe Brühwurst her.
2. Überprüfen Sie den Herstellungsablauf entsprechend den kritischen Kontrollpunkten nach HACCP und halten Sie diese auf einer vorbereiteten Liste fest.
3. Ermitteln Sie den Verkaufspreis für 1,0 kg Ihrer hergestellten Wurst.

Bewerten

1. Bewerten Sie die Brühwurst und überprüfen Sie diese auf eventuelle Mängel.
2. Leiten Sie vom Ergebnis der Überprüfung eventuelle Verbesserungsvorschläge ab.

Wiederholen

1. Ergänzen Sie in der folgenden Tabelle die fehlenden Werte.

Materialpreis	300,00 €		€		€	
Gemeinkosten	€	45 %	135,00 €	%	€	51 %
Herstellungspreis	€		€		943,75 €	
Gewinn	€	15 %	€	12 %	169,88 €	%
Nettoverkaufspreis	€		655,20 €		€	
Mehrwertsteuer	€	7 %	124,49 €	%	77,95 €	%
Bruttoverkaufspreis	€		779,69 €		€	

2. Tiroler wird nach der folgenden Rezeptur mit den aufgeführten Betriebsdaten hergestellt: 7,0 kg R II (3,60 €/kg), 4,8 kg R III (3,15 €/kg), 3,6 kg S II (2,50 €/kg), 7,2 kg S V (1,65 €/kg) und 2,4 kg Eis (0,15 €/kg). Pro Kilogramm Masse werden folgende Zutaten verwendet: 22 g NPS (0,35 €/kg), 5 g phosphathaltiges Kutterhilfsmittel (7,90 €/kg), 2 g Pfeffer (9,20 €/kg), 1 g Pfeffer, geschrotet (8,95 €/kg), 1 g Glutamat (6,95 €/kg) und 0,25 g Knoblauchpulver (6,45 €/kg). Die Tiroler wird in Faserbak-Därme abgefüllt. Diese kosten insgesamt 10,20 €. Beim Räuchern und Brühen gehen 9,5 % an Gewicht verloren. Da die Wurst noch zwei Tage bis zum Verkauf im Kühlraum hängt, verliert sie nochmals 1,5 %. Für die Herstellung werden pro Kilogramm Fleisch und Fett 1,53 € aufgeschlagen. Die Verkaufsgemeinkosten betragen 48 %. Für den Gewinn plant der Meister 15 % ein. Ebenfalls ist die gesetzliche Mehrwertsteuer zu berücksichtigen.

Berechnen Sie den Ladenverkaufspreis für 1,0 kg Tiroler.

3. Für Bayerische Bierwurst wird ein Grundbrät aus 27,5 kg R II (3,75 €/kg), 12,5 kg Eis (1,50 €) und 2 500 g Nitritpökelsalz und Kutterhilfsmittel (5,20 €) hergestellt. Als Einlage werden verwendet: 37,5 kg S II (2,80 €/kg) und 22,5 kg S VII/S VIII (1,75 €/kg). Des Weiteren werden 1 100 g Gewürze im Gesamtwert von 18,20 € zugegeben. Die Därme kosten insgesamt 17,80 €. Es muss mit einem Räucher- und Brühverlust von 15 % gerechnet werden. Bei der Lagerung bis zum Verkauf gehen nochmals 2,5 % an Gewicht verloren.

a) Berechnen Sie den Ladenverkaufspreis von 100 g Bierwurst, wenn mit einem Nettoaufschlag von 75 % und der gesetzlichen Mehrwertsteuer kalkuliert wird.

b) Berechnen Sie den BEFFE-Gehalt der fertigen Bierwurst, wenn das R II 17 %, das S II 17,5 %, das S VII/S VIII als Mischung 1,8 % an BEFFE enthalten.

4. Zur Herstellung von Kochsalami wird folgendes Material verwendet: 24,0 kg R II (4,35 €/kg), 8,0 kg R III (3,35 €/kg). Das Rindfleisch wird zu 25 % geschüttet. 1,0 kg Eis kostet 0,09 €.
Die Einlage besteht aus 18,0 kg S II (3,10 €/kg) und 22,0 kg Speck (1,25 €/kg). Je Kilogramm Fleisch- und Fettmenge werden zugegeben: 24 g Nitritpökelsalz (0,32 €/kg), 5 g Kutterhilfsmittel (4,55 €/kg), 7 g Fertiggewürz (9,05 €/kg), 1 g Geschmacksverbesserer (5,10 €/kg) und 2 g Umrötehilfsmittel (8,05 €/kg). Die Kosten für die Därme betragen 12,50 €. Die Fertigungsgemeinkosten betragen je Kilogramm Fleisch- und Fettmenge 1,25 €. Die Vertriebskosten sind mit 39 % anzusetzen. Der Herstellungsverlust beträgt 8 % und der Verkaufsverlust 4 %. Wie viel kostet 1,0 kg Kochsalami, wenn 9 % Gewinn und die gesetzliche Mehrwertsteuer eingeplant sind?

Name: .... Klasse: .... Datum: ....

In der Fleischerei Baringer ging eine Bestellung über Brühwürste mit Einlagen ein. Diese sollen hergestellt werden.

Orientieren

Informieren

A Einteilung entsprechend der Leitsätze

Brühwürste mit Einlagen	Einlagen
▸	▸ ....
▸	▸ ....
▸	▸ ....
▸	▸ ....
▸	▸ ....
▸	▸ ....
....	....
▸	▸ ....
....	....
▸	▸ ....
▸	▸ ....
▸	▸ ....
....	....
....	....
▸	▸ ....
▸	▸ ....
▸	▸ ....
▸	▸ ....
....	....
....	....
....	....
....	....

B Herstellung von Brühwürsten mit Einlagen

Materialauswahl

Bei der Herstellung wird ein .... hergestellt.
Die Materialien bestehen z. B. bei Bierschinken oder auch bei Filetpasteten aus:

- ....
- ....
- ....

....

....

Die Einlagen werden vorgeschnitten aus:

- ....
- ....
- ....

....

....

Vorbehandeln der Einlagen

Vorsalzen: ....

Würzen: ....

Weiterbehandlung: ....

....

Wärme: ....

Gekühlte Einlagen: ....

....

Einsatz von Umrötehilfsmitteln

Umrötehilfsmittel unterstützten den .... und stabilisieren die ....

Ergänzen Sie in der Tabelle (→ Schülerbuch Seite 199).

Umrötehilfsmittel	Verwendung	Höchstzugabemenge
◗ Ascorbinsäure ◗ .... ◗	◗	◗ ....
◗ .... ◗	◗	◗ ....

Name: .... *Klasse:* .... *Datum:* ....

Verarbeitung der Einlagen

Können Einlagen nicht gepoltert werden, so werden diese vor dem Einarbeiten in das Grundbrät mit der Hand gemengt.
Begründung:

- ....
- Die Würfel werden ....

....

Werden nicht gepolterte und gekühlte Fleischwürfel in ein wärmeres Brät (12 °C bis14 °C) eingearbeitet, kommt es zu Bindungsfehlern.
Begründung:

- ....

....

- ....

Vermengt wird die vorbereitete Einlage mit dem Brät entweder von ....

....

Merke: Um Bindungsfehler zwischen den Würfeln und dem Brät ausschließen zu können, muss Folgendes beachtet werden:

- ....
- ....
- ....

....

Wursthüllen: ....

....

Räuchern: ....

....

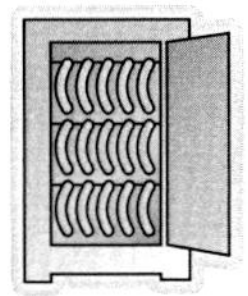

Brühen: ....

....

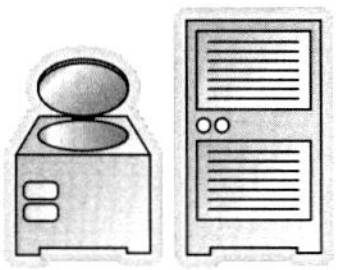

Abkühlen: ....

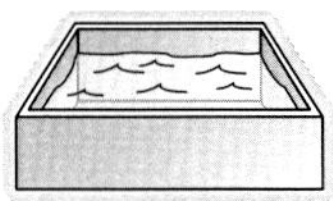

Lagern: ....

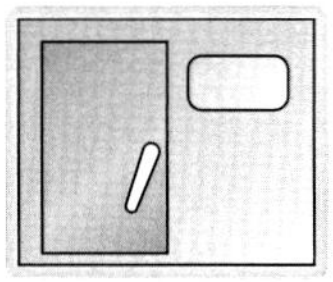

4 BRÜHWURST MIT EINLAGEN HERSTELLEN

Planen

1. Erstellen Sie die Rezeptur für eine Brühwurst mit Einlagen.
2. Wählen Sie die geeigneten Materialien und Gewürze aus.
3. Errechnen Sie die benötigten Mengen.
4. Wählen Sie die Maschinen und Geräte aus.
5. Legen Sie den Arbeitsablauf fest.
6. Überprüfen Sie den BEFFE-Gehalt Ihrer Wurst.

Durchführen

1. Stellen Sie die Brühwurst mit Einlagen her.
2. Ermitteln Sie den Verkaufspreis für 1,0 kg Ihrer hergestellten Wurst.

Bewerten

1. Bewerten Sie die Brühwurst und überprüfen Sie diese auf eventuelle Mängel.
2. Leiten Sie vom Ergebnis der Überprüfung eventuelle Verbesserungsvorschläge ab.

Wiederholen

1. Das Verkaufsgewicht einer Charge Mortadella beträgt 22,655 kg. Die Kalkulation ergab, dass die Mortadella im Laden zu einem Preis von 8,20 € pro Kilogramm verkauft werden soll.

   a) Berechnen Sie den Materialpreis dieser Charge Mortadella, wenn mit 23,00 € Herstellungskosten, mit 42 % Verkaufsgemeinkosten, mit 12 % Gewinn und der gesetzlichen Mehrwertsteuer kalkuliert wurde.

   b) Berechnen Sie das Materialgewicht, wenn die Wurst bei der Herstellung 8 % und beim Verkauf weitere 1,5 % ihres Gewichts verloren hat.

2. Die Fleischerei Baringer kalkulierte ihren Bierschinken, der beim Verkauf ein Gewicht von 58,77 kg hatte, zu einem Bruttopreis von 726,20 €. Das Materialgewicht betrug 65,057 kg, der Materialpreis 318,00 €.

   a) Berechnen Sie den Herstellungsverlust in Kilogramm und Prozent, wenn ein Verkaufsverlust von 2,5 % entstand.

   b) Berechnen Sie den Gewinn in Euro und Prozent, wenn mit 40 % Gemeinkosten und der gesetzlichen Mehrwertsteuer kalkuliert wurde.

3. Eine Filetpastete wurde wie folgt kalkuliert: Das Verkaufsgewicht betrug 32,5 kg, der Verkaufsverlust 2 %, der Herstellungsverlust 7,5 %. Das Kilogramm wurde im Laden für 12,80 € angeboten. Es wurden die gesetzliche Mehrwertsteuer, 15 % Gewinn und 45 % Verkaufsgemeinkosten eingerechnet. Der Materialpreis betrug 188,00 Euro.

   Berechnen Sie die Herstellungskosten und das Materialgewicht in Euro und Prozent.

4. Meister Baringer hat Schinkenlyoner hergestellt. Das Verkaufsgewicht beträgt 47,8 kg. Er möchte im Verkauf je Kilogramm 7,35 € erzielen.

   a) Berechnen Sie das Materialgewicht, wenn 3 % Aufschneideverlust und 6,5 % Räucher- und Brühverlust entstanden sind.

   b) Berechnen Sie die Gemeinkosten in Euro und Prozent, wenn der Materialpreis 215,50 € beträgt und die gesetzliche Mehrwertsteuer zu berücksichtigen ist.

Orientieren

Informieren

Name: **Klasse:** **Datum:**

Der Geselle Jochen Brandt von der Buchheim Fleisch KG soll mit zwei Auszubildenden eine schmackhafte und gut ausgereifte Salami herstellen.

A Gesetzliche Bestimmungen

a) Einteilung der Rohwürste nach den Leitsätzen

2.21 Rohwürste

2.211 ....

2.212 ....

feinkörnig, z. B.

mittelkörnig, z. B.

grobkörnig, z. B.

fein zerkleinert, z. B.

grob, z. B.

b) Erlaubte Zusatzstoffe

Zusatzstoff	Aufgabe/Funktion	Höchstzugabemenge
Nitritpökelsalz (Nitrit ist ein Konservierungsstoff)	... ...	... ...
Kaliumnitrat Natriumnitrat (Konservierungsstoffe)	... Reifedauer: ... Wasser-Eiweiß-Verhältnis: ...	... ...
Glutamat, Glutaminsäure (Geschmacksverstärker)	... ...	... ...
Sorbinsäure Natamycin (Konservierungsstoffe)	... ...	... ...

c) Fleischfremde Zusätze

Kochsalz

Übliche Zugabemenge bei der schnittfesten Rohwurst: .... bis .... g/kg

Begründung: ....

Erlaubter Pökelstoff: ....

Zucker

Aufgabe bei der Rohwurstreifung: ....

....

....

Ermittlung der Zugabemenge: ....

Faustregel für die Zugabemenge (bei der Verarbeitung von Salpeter):

pH-Wert des Fleisches unter 6 ➔ bis .... Zucker = ... g/kg

pH-Wert des Fleisches über 6 ➔ bis zu .... Zucker = ... g/kg

Im handwerklichen Bereich ist eine Zugabemenge von .... g/kg üblich.

Starterkulturen

Zugabemenge: ....

Beschreiben Sie die Aufgabe der Starterkulturen: ....

....

....

....

Name: .... Klasse: .... Datum: ....

Rohwurstgewürze

Wichtige Rohwurstgewürze: ....

....

Zugabemengen: .... g/kg Pfeffer, ... g/kg bei anderen

Zur Geschmacksabrundung: ....

B Auswahl und Vorbereitung von Fleisch und Speck

Auswahl der Schlachttiere: ....

....

pH-Wert: ....

....

Speckarten: ....

Vorbereitung des Magerfleisches:

....

....

Speckvorbereitung:

....

....

C Auswahl der Maschinen

Geeignete Maschinen zur Zerkleinerung: ....

Begründung: ....

....

....

....

....

....

....

Geeignete Maschinen zum Füllen: ....

Begründung: ....

....

....

....

....

D Zusammensetzung nach den Leitsätzen

Eine alte Zusammensetzung von Salami lautet:

	Forderung laut Leitsätzen
Austauschbarkeit von Rind- und Schweinefleisch	
Verarbeitung von Fleisch anderer Tiere in geringen Mengen	
Verarbeitung von Fleisch anderer Tiere in charakterbestimmenden Mengen	
Auszeichnung einer Salami: „Reine Schafsalami“	
Plockwurst muss einen BEFFE-Gehalt von 11 % erreichen; Auszeichnung als Plockwurst, Ia	BEFFE-Gehalt:
Auszeichnung als Plockwurst, dauergereift	BEFFE-Gehalt:

E Arbeitsschritte bei einem einphasigen Herstellungsablauf

Beschreiben Sie die Arbeitsschritte beim einphasigen Herstellungsablauf.

Name: .... **Klasse:** .... **Datum:** ....

E Mögliche Kunst- und Naturdärme

Kunstdärme: ....

Naturdärme: ....

....

F Vorgänge bei der Rohwurstreifung

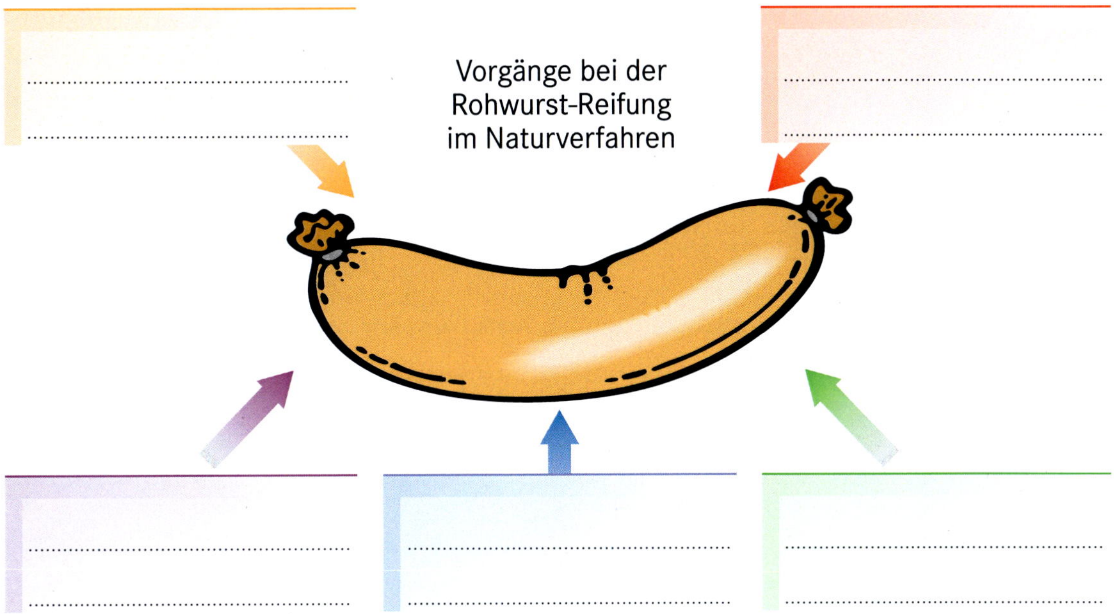

Aufgabe und Wirkung der Mikroben

- Z ....

Folge: ....

....

- N ....

Folge: ....

Bedeutung der Säure

- ....
- ....

Folge: ....

Aufgabe des Stickoxids

- ....

Zunahme der Schnittfestigkeit

- ....

1 SCHNITTFESTE ROHWURST HERSTELLEN: MITTELKÖRNIG (SALAMI)

Planen

1. Erstellen Sie die Rezeptur für eine mittelkörnige Salami.
2. Wählen Sie die geeigneten Materialien und Gewürze aus.
3. Errechnen Sie die benötigten Mengen.
4. Wählen Sie die Maschinen und Geräte aus.
5. Legen Sie den Arbeitsablauf fest.
6. Überprüfen Sie den BEFFE-Gehalt Ihrer Wurst.

Durchführen

1. Stellen Sie die Salami her.
2. Ermitteln Sie den Verkaufspreis für 1,0 kg Ihrer hergestellten Wurst.
3. Überprüfen Sie den Herstellungsablauf anhand einer Liste mit den kritischen Kontrollpunkten nach HACCP.

Bewerten

1. Bewerten Sie die Rohwurst und überprüfen Sie diese auf eventuelle Mängel.
2. Leiten Sie vom Ergebnis der Überprüfung eventuelle Verbesserungsvorschläge ab.

Wiederholen

1. Ein Fleischer stellt Salami nach einem alten Familienrezept aus 5 Teilen Kuhfleisch I, 2 Teilen Sauenfleisch II, 3 Teilen Rückenspeck und 4 Teilen Bauchfleisch IV her.

   a) Wie viel Kilogramm jeder Sorte sind erforderlich, um 63,0 kg und 80,0 kg herzustellen?

   63,0 kg Masse: ....

   ....

   80,0 kg Masse: ....

   ....

   b) Wie müsste der Fleischer seine Rezeptur zusammenstellen, wenn 6,6 kg Rückenspeck vorhanden sind?

   ....

   ....

2. Eine Rezeptur für Salami lautet wie folgt: 15 % Kuh II, 35 % S II, 16 % S IV, 12 % S V und 22 % S VIII. Von der Sortierung Kuh II sind noch 27,0 kg vorhanden, die aufgebraucht werden müssen. Alle anderen Mengen sind auf diese 27,0 kg abzustimmen. Berechnen Sie die jeweils benötigten Materialmengen auf der Basis des Rezeptes.

   ....

   ....

3. Meister Huber verkauft 53,77 kg Salami zu einem Preis von 526,20 €. Das Materialgewicht der Salami betrug 65,057 kg, der Materialpreis 318,66 €.

   a) Berechnen Sie den Herstellungsverlust in Kilogramm und Prozent, wenn acht Tage nach Fertigstellung der Salami ein Abhängeverlust von 5 % erfolgte.

   b) Berechnen Sie die Gemeinkosten in Euro und Prozent, wenn unter Berücksichtigung der gesetzlichen Mehrwertsteuer mit 10 % Gewinn kalkuliert wurde.

Name: .... *Klasse:* .... *Datum:* ....

Eine Cervelatwurst soll in einem Schnellreifeverfahren hergestellt werden.

Orientieren

Informieren

A Zusatzstoffe und Zusätze beim Schnellreifeverfahren

Zusätzlich zu den Zusatzstoffen, die aus Kapitel 1 bekannt sind, kann bei einer Schnellreifung neben dem Nitritpökelsalz ein Schnellstreifemittel eingesetzt werden. Es heißt: ....

Dies steht für ....

Wirkungsweise von GdL

....

....

Vorteile gegenüber der Langsamreifung:

- ....
- ....
- ....
- ....
- ....

Umrötehilfen:

- ....
- ....

Fleischfremde Zusätze:

....

....

Wirkung:

....

....

B Materialvorbereitung und Herstellung einer Cervelatwurst

Vorbereitung	…
Kuttern	… Endtemperatur: … Bewirkung eines höheren Feinheitsgrades: …
Füllen	…

C Reifeverfahren

Die Geschwindigkeit der Reifung wird beeinflusst von den … und den …

Folgende Kombinationen sind möglich:

Für eine Schnellstreifung: …

Für eine Schnellreifung: …

Für eine halbschnelle Reifung: …

Klimareifung: …

Feuchtrauchverfahren: …

2 SCHNITTFESTE ROHWURST HERSTELLEN: FEINKÖRNIG (CERVELAT)

Name: .... *Klasse:* .... *Datum:* ....

Schwitzreifung: ....

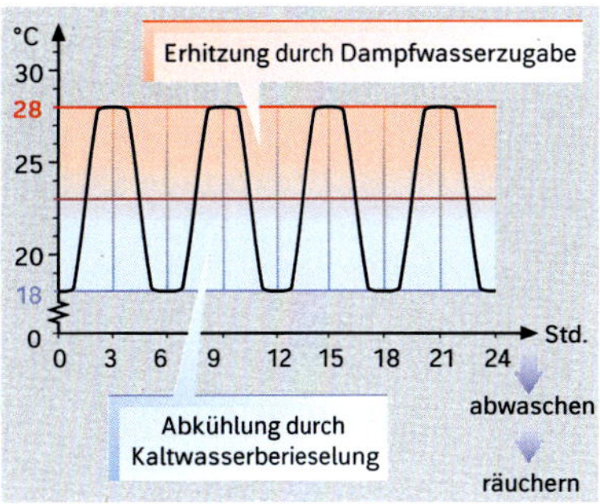

Vakuumreifung: ....

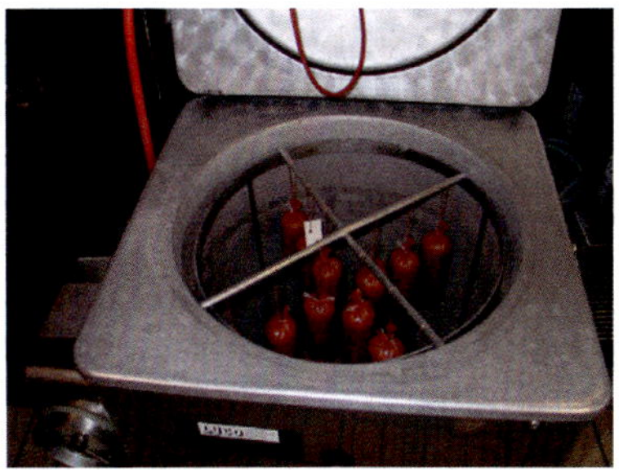

Lakereifung: ....

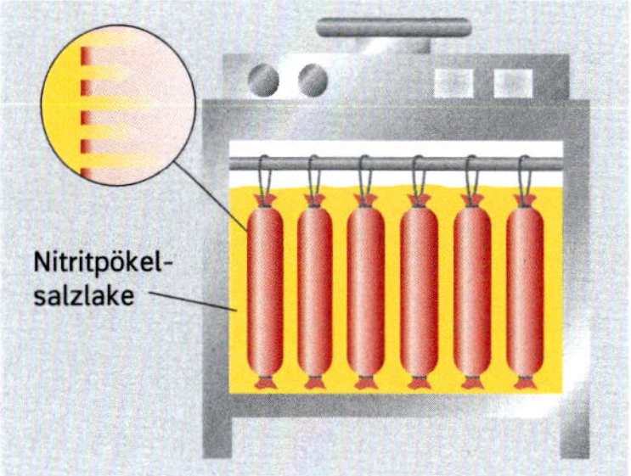

Pressreifung: ....

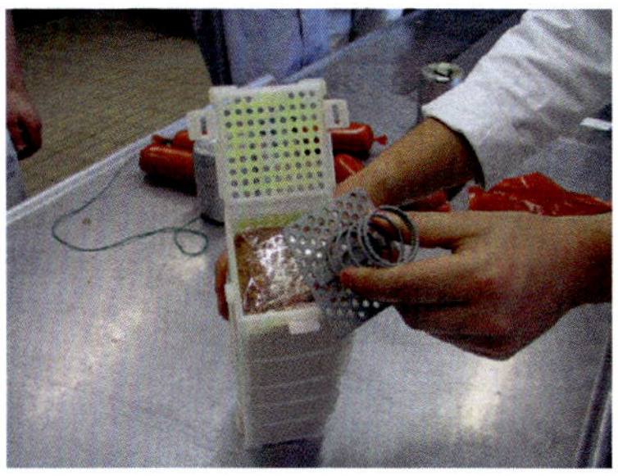

2 SCHNITTFESTE ROHWURST HERSTELLEN: FEINKÖRNIG (CERVELAT)

Planen

1. Erstellen Sie die Rezeptur für eine feinkörnige Cervelatwurst.
2. Wählen Sie die geeigneten Materialien und Gewürze aus.
3. Errechnen Sie die benötigten Mengen.
4. Wählen Sie die Maschinen und Geräte aus.
5. Legen Sie den Arbeitsablauf fest.
6. Überprüfen Sie den BEFFE-Gehalt Ihrer Wurst.

Durchführen

1. Stellen Sie die Cervelatwurst her.
2. Ermitteln Sie den Verkaufspreis für 1,0 kg Ihrer hergestellten Wurst.
3. Überprüfen Sie den Herstellungsablauf entsprechend den kritischen Kontrollpunkten nach HACCP und halten Sie diese auf einer vorbereiteten Liste fest.

Bewerten

1. Bewerten Sie die Rohwurst und überprüfen Sie diese auf eventuelle Mängel.
2. Leiten Sie vom Ergebnis der Überprüfung eventuelle Verbesserungsvorschläge ab.

Wiederholen

1. Das Verkaufsgewicht einer Charge Cervelatwurst beträgt 36,365 kg. Die Kalkulation ergab, dass das Kilogramm zu einem Preis von 9,10 € verkauft werden soll.

   a) Berechnen Sie das Materialgewicht, wenn 3 % Aufschneide- sowie 18,5 % Reife- und Räucherverlust zu berücksichtigen sind.

   b) Berechnen Sie den Materialpreis, wenn die gesetzliche Mehrwertsteuer, 8 % Gewinn und 32 % Gemeinkosten angesetzt wurden.

2. Der Meister Anton M. stellt Material für eine Cervelatwurst nach folgender Rezeptur zusammen:
   12,8 kg Kuh I, 4,25 €/kg
   17,3 kg Sauenfleisch I, 3,99 €/kg
   7,8 kg Sauenfleisch II, 3,05 €/kg
   20,3 kg Rücken-, Kammspeck, 1,85 €/kg
   1,34 kg Nitritpökelsalz, 0,15 €/kg
   0,34 kg Gewürzpräparat, 12,85 €/kg
   Därme, insgesamt 11,95 €

   Die Ware wiegt nach der Fertigstellung 49,3 kg; Abhänge- und Aufschneideverlust im Laden betragen weitere 6,5 %. Das Kilogramm Wurst wird für 13,15 € verkauft. Der Meister rechnet mit einem Gewinn von 11 %.

   Berechnen Sie:

   a) das Materialgewicht

   b) den Materialpreis

   c) den Herstellungsverlust in Kilogramm und Prozent

   d) den Verlust der Wurst im Laden

   e) die Gemeinkosten in Euro und Prozent
   (Hinweis: Ladenverkaufspreis = Bruttopreis einschließlich der gesetzlichen Mehrwertsteuer)

Name: .... Klasse: .... Datum: ....

Michaela Föhring von der Buchheim Fleisch KG tritt mit der Bitte an den Gesellen Jochen Brandt heran, selbstständig eine streichfähige Rohwurst, fein zerkleinert sowie in grober Körnung, herstellen zu dürfen.

Orientieren

Informieren

A Rechtliche Bestimmungen und Richtlinien

Nach den Leitsätzen sind streichfähige Rohwürste: ....

....

Man unterscheidet zwischen fein zerkleinerten und groben streichfähigen Sorten.

fein zerkleinerte Sorten	grobe Mettwürste

....	....
....	....
....	....
....	....
....	....
....	....
....	....
....	....
....	....
....	....
....	....
....	....
....	....

Neben den Zusatzstoffen, die wir bereits kennen, lässt der Gesetzgeber zur Herstellung von streichfähigen Rohwürsten Emulgatoren zu. Zu diesen zählen:

- ....
- ....
- ....

Bei der Zugabe gibt es keine Höchstmengenbegrenzung. Hier gilt: ....

B Fleisch- und Speckauswahl

Fleischauswahl	....
Speckauswahl	....
Für Teewurst	....

C Materialvorbereitung und Herstellung der fein zerkleinerten Rohwurst

Fleisch und Speck werden gut .... oder leicht .... und in der Regel .... voneinander vorgewolft. Um eine gute Streichfähigkeit auch bei einer mageren Teewurst erreichen zu können, bietet sich eine zweiphasige Herstellung an.

Zweiphasige Herstellung

....
....
....

....

....
....

....
....
....

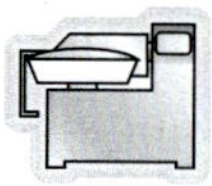

....

....
....

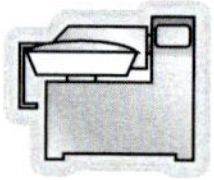

....
....

....

....

....

Arbeitsweise bei einer Einphasenkutterung:

....
....

Name: .... **Klasse:** .... **Datum:** ....

D Materialvorbereitung und Herstellung der groben Mettwurst

Bei allen Sorten, die grob hergestellt werden, muss beim Herrichten des Fleisches auf das Folgende besonders geachtet werden:

- ....
- ....

Folge bei Nichteinhaltung: ....

....

Einphasige Herstellung

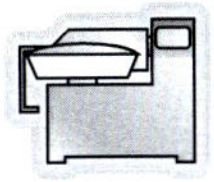

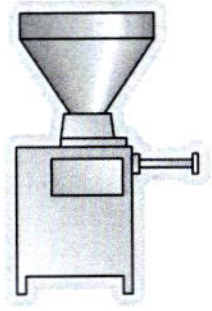

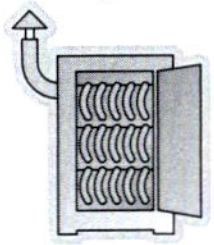

E Füllen und Räuchern

Geeignete Wursthüllen:

Behandlung nach dem Füllen:

Räuchern:

Planen

1. Erstellen Sie die Rezeptur für eine fein zerkleinerte Teewurst und eine grobe Mettwurst.
2. Wählen Sie die geeigneten Materialien und Gewürze aus.
3. Errechnen Sie die benötigten Mengen.
4. Wählen Sie die Maschinen und Geräte aus.
5. Legen Sie den Arbeitsablauf fest.
6. Überprüfen Sie den BEFFE-Gehalt Ihrer Wurst.

Durchführen

1. Stellen Sie die Teewurst und die grobe Mettwurst her.
2. Ermitteln Sie den Verkaufspreis für 1,0 kg Ihrer hergestellten Wurst.
3. Überprüfen Sie den Herstellungsablauf entsprechend den kritischen Kontrollpunkten nach HACCP und halten Sie diese auf einer vorbereiteten Liste fest.

Bewerten

1. Bewerten Sie die streichfähigen Rohwürste und überprüfen Sie diese auf eventuelle Mängel.
2. Leiten Sie vom Ergebnis der Überprüfung eventuelle Verbesserungsvorschläge ab.

Wiederholen

1. Die Rezeptur von Teewurst setzt sich aus 24 % R I, aus 34 % S II, aus 10 % S VIII (geräuchert), aus 15 % S VIII (frisch) und aus 17 % S X zusammen. An S II sind noch 17,0 kg vorhanden. Berechnen Sie die Rezeptur nach dem vorhandenen S II.

2. Fleischermeister Huber stellt Mettwurst nach folgendem Rezept her:
   55,2 kg gut entsehntes Sauenfleisch (S I), 3,20 €/kg
   30,4 kg schmalziger Speck (S IX),1,30 €/kg
   Zutaten je kg Rohmasse:
   30 g NPS,0,22 €/kg, 5 g Trockenstärkesirup, 2,85 €/kg, 6 g Gewürzmischung, 10,95 €/kg

   a) Berechnen Sie Gewicht und Preis der Masse.

   b) Zu Beginn der Produktion stellt Huber fest, dass nur noch 44,3 kg Sauenfleisch vorrätig sind. Berechnen Sie die benötigte Speckmenge auf der Grundlage des obigen Rezepts.

   c) Statt 30,4 kg Speck verarbeitet Huber 48,7 kg. Berechnen Sie die benötigte Menge Sauenfleisch auf der Grundlage des obigen Rezepts.

Name: Klasse: Datum:

3. Teewurst wird nach folgendem Rezept hergestellt:
13,2 kg mageres Rindfleisch (R I), 5,21 €/kg
9,3 kg magere Schweinefleischzuschnitte (S II), 3,42 €/kg
19,55 kg fetter Schweinebauch (S V) ohne Schwarte, 3,15 €/kg
Weiterhin werden zugegeben:
9 g/kg Spezialgewürz und 25 g/kg Nitritpökelsalz. Die Kosten der Zutaten betragen 10,00 €.

a) Berechnen Sie nach dem obigen Rezept Gewicht und Preis der Teewurstmasse.

b) Statt 13,2 kg Rindfleisch werden 17,9 kg verwendet. Wie viel Kilogramm werden von den übrigen Materialien benötigt?

c) Es sind 27,5 kg Schweinefleischzuschnitte vorhanden, die verarbeitet werden müssen. Wie viel Kilogramm von den übrigen Zutaten werden im Rahmen dieser Rezeptur verarbeitet?

4. Ergänzen Sie in der folgenden Tabelle die fehlenden Werte.

Materialgewicht	15,0 kg		.... kg		.... kg	
Reifeverluste	0,9 kg	.... %	.... kg	12,0 %	.... kg	11 %
Herstellungsgewicht	.... kg		.... kg		11,222 kg	
Lagerverluste	.... kg	.... %	.... kg	1,5 %	0,449 kg	.... %
Verkaufsgewicht	13,818 kg		14,575 kg		.... kg	

5. Sie sollen in zwei Wochen 12,0 kg fein zerkleinerte Teewurst liefern. Der Meister gibt Ihnen den Auftrag, das Materialgewicht (Magerfleisch und Speck) auszurechnen, wenn insgesamt 810 g an Zutaten (Salz, Gewürze), 8 % Herstellungsverlust und 2 % Lagerverluste bis zum Verkauf einzurechnen sind.

6. Die feine Masse für eine grobe streichfähige Mettwurst setzt sich wie folgt zusammen:
28 % Kuh II, 16 % Kuh III, 22 % S II, 16 % S VII und 18 % S VIII.
Die leicht vorgefrorenen Bauchwürfel (S IV), grob gewolft, wiegen 32,0 kg. Sie sollen 60 % des Gesamtmaterials betragen.
Berechnen Sie das Gewicht der benötigten feinen Masse und leiten Sie davon nach der Rezeptur die Einzelmengen ab.

....

....

7. Der Geselle Franz muss 60,0 kg grobe Teewurst herstellen. Die Rezeptur besteht aus 40 % Einlage (S IV) und 60 % feiner Brätmasse. Das Brät soll aus 1/4 S II, 2/8 Kuh II, 3/10 Kuh III und 1/5 S I hergestellt werden.
Berechnen Sie die jeweils benötigten Materialmengen für die feine Brätmasse.

....

8. Grobe Mettwurst wird nach folgendem Rezept hergestellt:
10,0 kg S II, 3,35 €/kg
15,0 kg S IV, 1,80 €/kg
25,0 kg S V, 1,95 €/kg
Weiterhin werden zugegeben:
25 g/kg Nitritpökelsalz (0,25 €/kg)
5 g/kg Zuckerkombinat (1,95 €/kg)
2 g/kg Pfeffer (8,75 €/kg)
1 g/kg Paprika (4,50 €/kg)
0,5 g/kg Rosmarin (8,00 €/kg)
Die Masse wird in Naturinkranzdärme gefüllt, die 400 g Füllmenge haben. 1 Stück kostet 0,25 €.
Hinweis: Bei der Berechnung der Därme auf eine ganze Stückzahl abrunden.
An Herstellungsverlusten fallen 4 % und an Lager- und Verkaufsverlusten 5 % an.
Berechnen Sie den Preis für 400 g grobe Mettwurst, wenn je Kilogramm Fleisch 1,92 € Fertigungsgemeinkosten, 22 % Vertriebsgemeinkosten, 9 % Gewinn und die gesetzliche Mehrwertsteuer zu berücksichtigen sind.

....

9. Finden Sie in diesem Wortsuchrätsel zwölf Begriffe, die mit der Herstellung von streichfähigen Rohwürsten zu tun haben, und kennzeichnen Sie diese mit einem Textmarker (senkrecht/waagerecht und diagonal).

R	O	S	T	I	S	I	B	L	A	M	Q	U	I	S	D	O	O	D	I	P	I	S	A	C
C	U	M	E	A	C	O	N	E	U	M	S	D	E	S	T	O	O	D	I	P	I	T	U	T
I	P	E	S	I	T	U	T	A	T	N	U	T	L	A	A	M	D	I	P	I	T	L	A	O
R	E	M	G	G	N	I	T	W	I	S	L	E	R	G	U	E	R	O	O	D	I	G	N	A
F	S	T	R	E	I	C	H	F	A	E	H	I	G	E	S	O	R	T	E	N	E	N	T	U
T	D	E	L	E	N	S	I	S	I	T	N	O	S	T	I	U	D	D	U	I	E	U	G	A
I	T	N	O	N	U	W	S	A	N	D	R	E	R	O	E	C	G	I	A	M	E	T	U	E
F	L	E	I	S	C	H	A	U	S	W	A	H	L	E	R	A	H	I	P	I	S	S	I	T
A	L	I	T	U	T	A	D	L	G	N	A	A	T	O	R	P	E	W	O	S	N	U	L	L
A	O	R	T	I	E	D	O	E	D	I	Q	U	I	S	N	I	M	V	U	R	O	S	A	D
E	S	T	I	O	E	T	I	L	I	E	A	D	I	O	N	S	E	E	N	R	M	I	P	R
S	C	I	L	I	T	N	O	N	U	M	R	N	E	A	F	E	U	F	A	C	S	E	U	E
A	F	A	C	I	L	I	Q	L	E	C	I	T	H	I	N	E	L	A	C	O	N	T	L	L
A	O	R	E	T	I	E	C	O	M	M	Y	N	E	B	H	E	T	N	U	M	P	A	N	E
N	T	I	R	I	Q	U	I	S	I	A	G	N	A	E	O	N	S	E	C	E	E	M	I	N
C	I	T	I	E	K	E	L	I	S	I	E	M	P	H	W	E	R	T	Z	Y	N	O	S	T
R	U	D	E	C	I	A	I	T	I	P	I	S	N	U	M	U	O	E	O	R	S	U	S	C
I	L	E	E	I	R	F	T	N	O	S	T	I	S	N	O	N	R	E	Q	U	A	T	V	E
L	E	P	S	E	F	L	E	I	S	C	H	I	S	I	M	Z	Z	S	I	L	I	S	S	E
N	S	A	M	N	I	B	H	N	A	A	L	I	T	S	E	N	T	L	T	N	U	L	L	U
P	T	A	T	I	O	N	S	E	N	I	A	M	D	O	E	T	A	D	E	A	F	A	C	I
N	H	E	N	I	B	H	E	S	E	Q	U	A	N	T	U	M	S	A	T	I	S	M	D	U
N	T	A	U	T	E	D	E	L	I	Q	U	A	T	U	E	E	T	A	L	I	S	I	S	M
O	L	U	P	T	A	Z	E	L	L	O	P	H	A	N	D	A	E	R	M	E	T	U	T	V
E	L	I	T	W	I	S	L	E	L	I	T	L	U	T	N	O	S	T	R	U	D	T	I	N

Name: **Klasse:** **Datum:**

Die Buchheim Fleisch KG möchte einer ortsansässigen Bank panierte Koteletts sowie Schnitzel mit Beilagen liefern. Die Verkaufsleiterin Inge nimmt den Auftrag an und berät sich mit der Köchin, was bei der Herstellung dieser Produkte alles zu beachten ist.

Orientieren

Informieren

A Materialien

Fleischauswahl allgemein

Koteletts

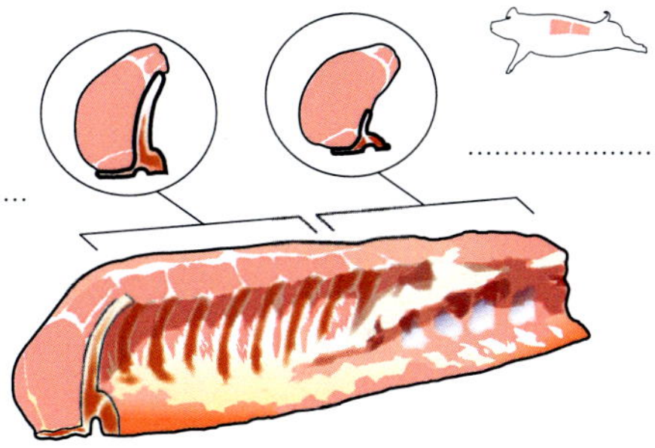

Des Weiteren gibt es:

Schnitzel

Definition:

Geeignete Fleischteile:

Schnitzelbezeichnungen	Tierart	Herstellungshinweis
Cordon bleu vom Schwein		
Cordon bleu		
Wiener Schnitzel		
Schnitzel à la Holstein		
Schnitzel „Wiener Art“		

Geräte

Für Koteletts:

Für Schnitzel zusätzlich:

Allgemein:

B Herstellung

Scheiben schneiden	
Klopfen	
Steaken	
Würzen	
Panieren	

Garungsarten

Braten

Schmoren

Grillen

Kurzbraten

Frittieren

Name: Klasse: Datum:

C Anbieten und Präsentieren

Produkt	Beilagen
Naturschnitzel	
Panierte Produkte	

Produkt	Anrichten und Präsentieren auf einem Büfett
Panierte Produkte	
Naturschnitzel	
Pommes frites	
Kartoffelkroketten	
Salzkartoffeln	
Kartoffelsalat	
Blattsalate	
Bohnensalat	

1 SCHWEINESCHNITZEL UND PANIERTE KOTELETTS HERSTELLEN

Planen

1. Erstellen Sie die benötigten Materiallisten für die Bestellung sowie die Rezepturen.
2. Legen Sie den Arbeitsablauf fest.

Durchführen

1. Stellen Sie Naturschnitzel und Koteletts mit den entsprechenden Beilagen her.
2. Berechnen Sie die Preise für die Speisen pro Person.
3. Erstellen Sie Qualitätskriterien für diese verzehrfertigen Speisen.
4. Formulieren Sie Tipps für Werbemaßnahmen.

Bewerten

1. Bewerten Sie die Speisen und überprüfen Sie diese auf eventuelle Mängel.
2. Leiten Sie vom Ergebnis der Überprüfung eventuelle Verbesserungsvorschläge ab.

Wiederholen

1. Ein Stielkotelett von 220 g hat einen Knochenanteil von 30 g. Das Fleisch enthält 16 % Eiweiß, 18 % Fett, 0,25 % Kohlenhydrate und den Rest Wasser.
   Wie viel kJ enthält das Fleisch, wenn 1 g Eiweiß und 1 g Kohlenhydrate 17 kJ und 1 g Fett 39 kJ enthalten?

2. Ein Oberschalenschnitzel von 180 g wird paniert. Im panierten Zustand wiegt es 216 g.
   Wie viel Panade enthält das Schnitzel in Gramm und Prozent?

3. Das Schnitzel aus Aufgabe 2 enthält im Fleischanteil 36 g Eiweiß, 3 % Fett, 1 % Kohlenhydrate und 76 % Wasser.
   Wie viel kJ enthält das fertig panierte Schnitzel, wenn die Panade insgesamt 390 kJ enthält?

4. Berechnen Sie den Preis für ein Cordon bleu, wenn zehn Fleischsscheiben mit insgesamt 1,8 kg zu einem Preis von 7,90 €/kg, 500 g Vorderschinken zu 8,20 €/kg, 400 g Käse zu 6,30 €/kg sowie Panade und Gewürze zu insgesamt 2,00 € verarbeitet wurden. Die Arbeitszeit beträgt 30 Minuten. Für eine Stunde sind 25,00 € zu veranschlagen. Des Weiteren sind 15 % Gewinn und die gesetzliche Mehrwertsteuer zu berücksichtigen.

5. Ergänzen Sie in der folgenden Tabelle die fehlenden Werte.

Fleischgewicht in g	170 g	180 g	.... g	.... g	.... g
Panade in g	.... g	.... g	23,2 g	35,15 g	.... g
Panade in %	20 %	.... %	14,5 %	.... %	18 %
Fertiggewicht in g	.... g	207 g	.... g	225,15 g	206,5 g

Name: Klasse: Datum:

Bruno Höllerich ist im Verkauf bei der Buchheim Fleisch KG tätig. Er möchte zu seinem Polterabend den Gästen Fleischkäse servieren. Er bittet einen Gesellen aus der Produktion, diesen herzustellen und die passenden Beilagen anzubieten.

Orientieren

Informieren

A Materialien

Fleisch:

Speck:

B Herstellung

Kuttern:

Einfüllen:

Backen:

Warmhalten:

Serviervorschlag für den Außer-Haus-Verzehr:

Serviervorschlag mit Beilagen für den Tellerservice:

2 FLEISCHKÄSE HERSTELLEN

Planen

1. Wählen Sie die geeigneten Materialien für den Fleischkäse und die Beilagen aus.
2. Berechnen Sie die benötigten Mengen und erstellen Sie die Rezeptur.
3. Beachten Sie die rechtlichen und hygienischen Anforderungen.

Durchführen

1. Stellen Sie den Fleischkäse mit den Beilagen her.
2. Berechnen Sie den Preis für eine Portion pro Person.
3. Erstellen Sie Qualitätskriterien für Fleischkäse.
4. Formulieren Sie Tipps für Werbemaßnahmen für Fleischkäse.

Bewerten

1. Bewerten Sie die Speise und überprüfen Sie diese auf eventuelle Mängel.
2. Leiten Sie vom Ergebnis der Überprüfung eventuelle Verbesserungsvorschläge ab.

Wiederholen

1. Das Verkaufsgewicht einer Charge Fleischkäse beträgt 22,655 kg. Die Kalkulation ergab, dass das Kilo im Laden zu einem Preis pro Kilogramm von 8,20 € verkauft werden soll.

   a) Berechnen Sie den Materialpreis dieser Charge Fleischkäse, wenn mit 23,00 € Herstellungskosten, mit 42 % Verkaufsgemeinkosten, mit 12 % Gewinn und der gesetzlichen Mehrwertsteuer kalkuliert wurde.

   b) Berechnen Sie das Materialgewicht, wenn die Ware bei der Herstellung 8 % und beim Verkauf weitere 1,5 % ihres Gewichts verloren hat.

2. Die Fleischerei Baringer kalkulierte ihren Fleischkäse, der nach der Fertigstellung 58,77 kg wog, zu einem Verkaufspreis von 726,20 €. Das Materialgewicht betrug 65,057 kg, der Materialpreis 318,00 €.

   a) Berechnen Sie den Herstellungsverlust in Kilogramm und Prozent, wenn ein Verkaufsverlust von 2,5 % entstand.

   b) Berechnen Sie den Gewinn in Euro und Prozent, wenn mit 40 % Gemeinkosten und der gesetzlichen Mehrwertsteuer kalkuliert wurde.

3. Eine Menge Kalbskäse wurde wie folgt kalkuliert: Das Verkaufsgewicht betrug 32,5 kg. Der Verkaufsverlust 2 %, der Herstellungsverlust 7,5 %. Das Kilogramm wurde im Laden für 12,80 € angeboten. Es wurden die gesetzliche Mehrwertsteuer, 15 % Gewinn und 45 % Verkaufsgemeinkosten eingerechnet. Der Materialpreis betrug 188,00 €.
   Berechnen Sie das Materialgewicht und die Herstellungskosten in Euro und Prozent.

4. Meister Baringer hat groben Schweinskäse hergestellt. Das Verkaufsgewicht beträgt 47,8 kg. Er möchte im Verkauf 7,35 €/kg erzielen.

   a) Berechnen Sie das Materialgewicht, wenn 3 % Aufschneideverlust und 6,5 % Räucher- und Brühverlust entstanden sind.

   b) Berechnen Sie die Gemeinkosten in Euro und Prozent, wenn der Materialpreis 215,50 € beträgt und die gesetzliche Mehrwertsteuer zu berücksichtigen ist.

Name: ………………… **Klasse:** ………… **Datum:** …………

Bruno Höllerich von der Buchheim Fleisch KG hatte einmal bei einem Besuch in Franken in einem Landgasthof eine Fränkische Bratwurst von einem frisch geschlachteten Schwein mit Sauerkraut gegessen. Bruno Höllerich möchte für seine Gäste eine solche Bratwurst mit Sauerkraut herstellen.
Hinweis: Informationen bezüglich des Materials und der Herstellung entnehmen Sie der Grundbildung, BN 5886, Lernfeld 3.

Orientieren

Informieren

A Garen und Warmhalten

Bratwürste können gegart werden durch: …………………………………………

Braten in der Pfanne	
Grillen	
Brühen	
Warmhalten	

B Beilagen, Servieren, Präsentieren

Als Beilagen passen sehr gut zu gebratener oder gegrillter Bratwurst:

…………………………………………

…………………………………………

Serviervorschlag für Bratwurst mit Sauerkraut: …………………………

…………………………………………

…………………………………………

…………………………………………

Planen

1. Wählen Sie die geeigneten Materialien für die Fränkische Bratwurst und das Sauerkraut aus.
2. Berechnen Sie die benötigten Mengen und erstellen Sie die Rezeptur.
3. Beachten Sie die rechtlichen und hygienischen Anforderungen.
4. Berechnen Sie Materialgewicht und Materialpreis durch eine Rückkalkulation.

Durchführen

1. Stellen Sie die Bratwurst mit Sauerkraut her.
2. Berechnen Sie den Preis für eine Portion pro Person.
3. Erstellen Sie Qualitätskriterien für Bratwurst.
4. Formulieren Sie Tipps für Werbemaßnahmen für Bratwurstspezialitäten und erstellen Sie zwei Deckenhänger.

Bewerten

1. Bewerten Sie das Gericht.
2. Leiten Sie vom Ergebnis der Bewertung eventuelle Verbesserungsvorschläge ab.

Wiederholen

1. In Ihrer Metzgerei geht eine Bestellung für saure Bratwürste für zwölf Personen ein. Als Beilage sollen pro Person zwei Scheiben Bauernbrot mitgeliefert werden. Das Kilo frische Bratwürste kostet 12,80 €. Das Paar wiegt im Rohzustand 200 g. Eine Scheibe Bauernbrot wiegt 100 Gramm. Das Kilo ist mit 1,80 € anzusetzen. Für den Sud werden Essig, Wein, Gewürze und Zutaten von insgesamt 4,20 € verwendet. Die Arbeitszeit für die Herstellung beträgt 75 Minuten. Die Stunde Arbeitszeit wird mit 25,00 € veranschlagt. Des Weiteren muss die gesetzliche Mehrwertsteuer berücksichtigt werden.
   Berechnen Sie den Gesamtpreis für den Auftrag.

2. Die Metzgerei Huber in Nürnberg produziert die Original Nürnberger im Schafsaitling. Das Stück wiegt 25 g. Der Verkaufspreis für 1,0 kg Nürnberger beträgt im Laden 12,80 €.
   Wie teuer muss ein Bratwurstbrötchen mit drei Nürnbergern mit Senf verkauft werden, wenn das Brötchen 0,40 €, der Senf pro Brötchen 0,05 € und die Arbeitszeit für das Grillen der Würste pro Brötchen 0,19 € kosten?

3. Die Fleischerei Baringer muss 47,5 kg gebrühte Bratwurst liefern. Laut Rezeptur setzt sich die Wurst aus 40 % Grundbrät und 60 % grober Einlage zusammen. Das Grundbrät besteht aus: 10 % R II, 40 % S II, 30 % S IX und 20 % Eis. Beim Brühen verliert die Wurst erfahrungsgemäß 5 %.
   Berechnen Sie die einzelnen Materialmengen.

   ....

   ....

4. Grobe Bratwurst wird nach folgendem Rezept hergestellt:
   5,5 kg Schulterfleisch (S II), 2,95 €/kg
   2,5 kg Backe, 1,90 €/kg
   4,0 kg magerer Bauch (S IV), 2,35 €/kg
   250 g Salz und Gewürze zu einem Gesamtpreis von 2,50 €.
   Die Schweinedünndärme kosten insgesamt 3,80 €.
   Berechnen Sie den Verkaufspreis für 1,0 kg grobe Bratwurst, wenn pro Kilogramm Fleisch und Backe 1,95 € an Herstellungskosten, 45 % an Verkaufsgemeinkosten, 22 % Gewinn und die gesetzliche Mehrwertsteuer zu berücksichtigen sind.

Name: .... Klasse: .... Datum: ....

Orientieren

Informieren

Fleischermeister Baringer erteilt seinem Auszubildenden Jens Witte den Auftrag, sich Gedanken zu machen, zu welchen Produkten er Hackfleisch weiterverarbeiten kann. Jens schlägt dem Meister folgende Gerichte vor: Hackfleischbällchen in Weißweinsoße und Hackbraten mit Tomatensoße.

A Materialauswahl

Fleischauswahl: ....

Binde- und Auflockerungsmittel: ....

Anteil der Stärke in der Trockenmasse: ....

Mindest-BEFFE-Gehalt im Gesamterzeugnis: ....

Mindest-BEFFE-Gehalt vom Fleischeiweiß: ....

B Beilagen, Servieren

Produkt	Beilagen
Hackfleischbällchen	.... 
Hackbraten	....
Frikadellen	Tellerservice: .... Außer-Haus-Verzehr: ....

C Warmhalten in der heißen Theke

Verzehrfertige Hackfleisch-Erzeugnisse sollten folgendermaßen warm gehalten werden: ....

....

....

Zu beachten: ....

....

Maßnahmen bei längerem Warmhalten: ....

....

....

4 FLEISCHZUBEREITUNGEN MIT HACKFLEISCH HERSTELLEN

Planen

1. Wählen Sie die geeigneten Materialien für die Hackfleischgerichte aus.
2. Berechnen Sie die benötigten Mengen und erstellen Sie die Rezeptur.
3. Beachten Sie die rechtlichen und hygienischen Anforderungen

Durchführen

1. Stellen Sie die Hackfleischgerichte mit den Beilagen her.
2. Berechnen Sie die Nährwerte pro Portion.
3. Erstellen Sie Qualitätskriterien für die Speisen mit den Beilagen.
4. Formulieren Sie Tipps für Werbemaßnahmen für Fleischzubereitungen aus Hackfleisch.

Bewerten

1. Bewerten Sie die hergestellten Speisen.
2. Leiten Sie vom Ergebnis Ihrer Bewertung eventuelle Verbesserungsvorschläge ab.

Wiederholen

1. Ein Kunde isst fünf Fleischbällchen à 50 g mit 180 g Soße. Als Beilage isst er 200 g Salzkartoffeln und 150 g grünen Blattsalat. Die Fleischbällchen enthalten 14 % Eiweiß und 18 % Fett. Die Soße hat 800 kJ. Die Kartoffeln enthalten 16 % Kohlenhydrate, 0,5 % Fett und 2 % Eiweiß.
   Berechnen Sie die Gesamtenergiemenge, wenn 1 g Fett 39 kJ, 1 g Eiweiß 17 kJ und 1 g Kohlenhydrate 17 kJ enthalten.

2. Ein Gast verzehrt eine Scheibe Hackbraten mit einem Gewicht von 150 g. Als Beilage isst er 180 g Kartoffelpüree. Der Hackbraten enthält 15 % Eiweiß und 17 % Fett. Das Püree enthält 35 % Kohlenhydrate, 10 g Fett und 7 g Eiweiß.
   Berechnen Sie die Gesamtenergiemenge in Kilojoule und Kilokalorien (1 kcal. = rd. 4,2 kJ).

3. Am Stehimbiss isst ein Kunde ein Schweinerückensteak (150 g) mit 20 g Kräuterbutter, 200 g Kartoffelsalat und 80 g gemischten Salat. Dazu trinkt er noch zwei Bier à 0,5 l.
   Berechnen Sie die Gesamtenergiemenge in Kilojoule, wenn die Schweinerückenscheibe nach dem Braten 20 % Eiweiß, 17 % Fett, 0,5 % Kohlenhydrate und 72,5 % Wasser enthält. Die Kräuterbutter enthält 550 kJ, der Kartoffelsalat 1 300 kJ und 0,1 l Bier 340 kJ.

4. Ein Mann verzehrt 150 g Schweinemett auf einem Brötchen von 50 g. Wie viel Kilojoule und Kilokalorien hat er zu sich genommen, wenn in 100 g Brötchen 7,2 g Eiweiß, 0,9 g Fett und 51 g Kohlenhydrate und in 100 g Mett 36 g Fett und 18 % Eiweiß enthalten sind?

5. Fünf Hackbällchen mit einem Gesamtgewicht von 250 g haben einen Brennwert von 2 350 kJ. In den 250 g Hackbällchen sind 35 g Eiweiß enthalten. Wie viel Gramm Fett enthalten die Hackbällchen, wenn alle anderen Bestandteile ohne Energiewerte sind?

6. 1,0 kg Hackbraten enthält 180 g Fett, 140 g Eiweiß, 40 g Kohlenhydrate und 640 g Wasser.
   Berechnen Sie die Energiemenge für 125 g.

7. Ein Schweinerückensteak von 150 g hat einen Brennwert von 702,5 kJ. In den 150 g sind 1 g Kohlenhydrate und 5 % Fett enthalten.
   Wie viel Eiweiß enthält die Scheibe vom Schweinerücken?

Name: .... Klasse: .... Datum: ....

Für einen Empfang der Sparkasse Isernhagen sollen Kanapees, belegte Brötchen und Fingerfood geliefert werden. Bruno Höllerich übernimmt den Auftrag.

Orientieren

Informieren

A Kanapees

Definition: ....

....

Vorteil: ....

Nachteil: ....

Folgende Grundzutaten werden bei der Herstellung von Kanapees eingesetzt und kombiniert:

Brotsorten: z. B. ....

Aufstriche: z. B. ....

Beläge:

- Fleisch- und Wursterzeugnisse: z. B. ....

  ....
- Käse und Käsezubereitungen: z. B. ....
- Fisch und Fischerzeugnisse: z. B. ....

Garnitur: z. B. ....

....

Vorbereitung der Zutaten (in Stichpunkten): ....

....

....

....

....

....

....

....

....

....

....

....

....

....

Belegen der Kanapees: ....

Serviervorschlag: ....

B Belegte Brötchen

Folgende Grundzutaten werden bei der Herstellung von belegten Brötchen eingesetzt und kombiniert:

Brötchensorten: z. B. ....

Aufstriche: z. B. ....

Beläge: z. B. ....

Garnitur: z. B. ....

Serviervorschlag: ....

Name: Klasse: Datum:

C Fingerfood

Definition:

Fingerfood wird zu folgenden Anlässen angeboten:

Bei der Herstellung und Präsentation der Erzeugnisse muss folgendes gewährleistet sein:

- Sie müssen mit den Fingern
-
-

Zu den Fingerfood-Produkten zählen:

Serviervorschlag:

D Qualitätskriterien für Kanapees, belegte Brötchen und Fingerfood

-
-
-
-
-
-
-

5 KANAPEES, BELEGTE BRÖTCHEN UND FINGERFOOD HERSTELLEN

Planen

1. Wählen Sie für den Empfang der Sparkasse die geeigneten Materialien aus.
2. Beachten Sie die rechtlichen und hygienischen Anforderungen.
3. Berechnen Sie die benötigten Mengen und erstellen Sie die Rezepturen.
4. Erstellen Sie Qualitätskriterien für die fertigen Produkte inklusive der Garnituren.

Durchführen

1. Stellen Sie Kanapees, belegte Brötchen und Fingerfood her.
2. Kalkulieren Sie den Preis für die Produkte.
3. Formulieren Sie Tipps für Werbemaßnahmen.

Bewerten

1. Bewerten Sie die hergestellten Speisen und den Arbeitsprozess.
2. Leiten Sie daraus eventuelle Verbesserungsvorschläge ab.

Wiederholen

1. Berechnen Sie den Preis für ein Kanapee mit Lachs in der Herstellung, wenn man aus einer Seite Lachs 20 Scheiben schneiden kann. Die gebeizte Lachseite wiegt 900 g, 1,0 kg kostet 23,50 €. Das Brot für die 20 Häppchen kostet 2,40 €, die Garnitur 3,60 €. Die Arbeitszeit wird insgesamt mit 15,00 € berechnet.

2. Für einen Empfang müssen neben anderen Kanapees auch 70 Stück mit Schnittkäse geliefert werden. Der Käse muss zugekauft werden und kostet im Einkauf 8,50 €/kg. 1,0 kg Kasten-Röstbrot kostet 2,10 €, 1,0 kg gemischte Paprikaschoten kostet 2,30 € und 1,0 kg Zwiebeln kostet 0,95 €. Für die 70 Häppchen werden benötigt: 3,8 kg Schnittkäse, drei 1-kg-Kasten-Röstbrote, 1,5 kg Paprikaschoten und 0,7 kg Zwiebeln.
Berechnen Sie den Preis für ein Kanapee, wenn für die Herstellung 1,5 Std. à 25,00 €, für den Gewinn 20 %, für die Auslieferung pauschal 7,00 € und die gesetzliche Mehrwertsteuer zu berücksichtigen sind.

3. 80 belegte Brötchen sollen geliefert werden. Meister Fritz hat ausgerechnet, dass er insgesamt 216,35 € inklusive Mehrwertsteuer erhält.
Wie viel kostet ein belegtes Brötchen in der Herstellung, wenn er die gesetzliche Mehrwertsteuer, 15,00 € für die Auslieferung und 20 % Gewinn einkalkuliert hat?

4. Ihre Fleischerei erhält den Auftrag, 150 verschiedene Kanapees zu einem Festpreis von insgesamt 240,75 € zu liefern. Pro Stück haben sie einen Materialwert von 0,70 €.
Wie hoch ist der Gewinn pro Stück in Euro und Prozent, wenn 0,65 €/Stück an Herstellungsgemeinkosten, 0,08 €/Stück für die Auslieferung und die gesetzliche Mehrwertsteuer zu berücksichtigen sind?

5. Wie viel Zeit darf Ihr Mitarbeiter für die Herstellung von 50 verschiedenen Fingerfood-Erzeugnissen verwenden, wenn Sie dafür im Verkauf insgesamt 224,70 € einnehmen und Ihren Gewinn nicht schmälern wollen?
Ein Erzeugnis hat einen Materialwert von 2,00 €. Die Stunde Arbeitslohn wird mit 25,00 € angesetzt. Des Weiteren sollen 20 % Gewinn und die gesetzliche Mehrwertsteuer berücksichtigt werden.

Name: .... Klasse: .... Datum: ....

Da bei der Herstellung von Kanapees, belegten Brötchen und Fingerfood in der Produktion viel an Käse, gegartem Fleisch, Fisch, Gemüse und Petersilie übrig blieb, schlägt Jens Witte seinem Chef vor, noch einige Feinkostsalate herzustellen, um diese Lebensmittel sinnvoll weiterzuverarbeiten.

Orientieren

Informieren

A Allgemeine Bestimmungen

a) Definition nach den Leitsätzen: ....

....

....

b) Zutaten für Soßen:

....

....

Ersatz für Mayonnaise oder Salatmayonnaise bei fettreduzierten Erzeugnissen: ....

c) Der Einsatz von Verdickungsmitteln ist grundsätzlich erlaubt (→ Schülerbuch Seite 326). Dazu gehören z. B.:

....

d) Beim Einsatz von Frischeiern gelten folgende Bestimmungen (→ Schülerbuch Seite 326):

- ....
- ....
- ....

B Einteilung

a) Salate mit ....

Verkehrsbezeichnung	Salatzutat und Mindestgehalt
Matjessalat	mind. ....
Krabbensalat	....

Weitere in den Leitsätzen beschriebene Salate:

....

b) Salate aus Gemüse, Pilzen, Obst, Käse, Eiern und andere Feinkostsalate, z. B. mit Kartoffeln, Reis und Teigwaren

Beispiele: ....

Anteil an festen Bestandteilen: ....

Wird in der Verkehrsbezeichnung auf eine oder mehrere Zutaten besonders hingewiesen, ist Folgendes zu beachten: ....

c) Salate mit ....

(Die Mindest- und Höchstmengen nach den Leitsätzen sind bezogen auf 1,0 kg.)

Verkehrsbezeichnung	Salatzutat und Mindestgehalt	Andere Zutaten, Höchstgehalt	Dressing/Soße/ Marinade
....	Fleisch und/oder Fleischsalatgrundlage und/oder Brühwurst; mind. 25 % ≙ 250 g	.... max. ≙	.... ≙ ....
Delikatessfleischsalat	Fleisch und/oder Fleischsalatgrundlage und/oder Brühwurst; mind. .... ≙	Gurken und würzende Zutaten; max. .... ≙	.... ≙ ....
Rindfleischsalat	gegartes, geschnittenes Rindfleisch .... ≙	Gemüse, wie z. B.	keine Festlegung
Geflügelsalat	.... mind. ≙	....	keine Festlegung

C Zusammensetzung von Mayonnaise und Remoulade

Es werden folgende Erzeugnisse unterschieden:

Mayonnaise

Hervorhebende Hinweise: ....

Zutaten für die Herstellung (Emulsion):

- Fett: ....
- Emulgator: ....
- Säure (Wasseranteil): ....
- Würzende Zutaten: ....

Salatmayonnaise

Hervorhebende Hinweise: ....

Unterschiede zur Mayonnaise: ....

....

Remouladen

Definition: ....

....

Name: .... Klasse: .... Datum: ....

D Präsentation

Bestücken der Verkaufstheke

- ....
- ....
- ....
- versehen mit zum Salat passenden Garnituren. Beispiele:

Salat	Garniervorschlag	Zusatzempfehlung
Rindfleischsalat mit Gemüse		
Schweizer Wurstsalat		
Matjessalat		
Eigenes Beispiel:		

Erhaltung der Frische und des appetitlichen Aussehens

- ....
- ....
- ....
- ....
- ....

Werbemittel

- ....
- ....
- ....

6 FEINKOSTSALATE HERSTELLEN

Planen

Versetzen Sie sich in die Lage der Auszubildenden der Fleischerei Baringer.

1. Stellen Sie unter Berücksichtigung der noch vorhandenen Lebensmittel ein Salatangebot zusammen.
2. Erstellen Sie die Rezepturen und ermitteln Sie die benötigten Mengen.
3. Kalkulieren Sie den Verkaufspreis für je 1,0 kg und einen 200-g-Becher.
4. Erstellen Sie Qualitätskriterien für die fertigen Produkte inklusive der Garnituren.

Durchführen

1. Stellen Sie die Salate her und garnieren Sie diese passend aus.
2. Richten Sie diese fachgerecht und dekorativ in der Theke an.
3. Gestalten Sie ein Preisschild und ggf. ansprechende Werbematerialien.

Bewerten

1. Beurteilen Sie die hergestellten Salate, die Präsentation in der Theke und den Arbeitsprozess.
2. Leiten Sie vom Ergebnis der Überprüfung eventuelle Verbesserungsvorschläge ab.

Wiederholen

1. Jens Witte soll den Wurstsalat neu kalkulieren. Hierfür wurden folgende Mengen verarbeitet:
   5,0 kg Fleischwurst, 7,80 €/kg
   1,3 kg Gewürzgurken, 2,95 €/kg
   1,2 kg Zwiebeln, 0,95 €/kg
   1,8 kg Marinade zu insgesamt 2,75 €
   An Herstellungsgemeinkosten sind pro Kilogramm geschnittener Einlage 1,40 €, an Verkaufsgemeinkosten 45 %, an Gewinn 20 % und die gesetzliche Mehrwertsteuer zu berücksichtigen.

   a) Berechnen Sie den Preis pro Kilogramm.

   b) Berechnen Sie den Verkaufspreis für einen 200-g-Becher, wenn dieser selbst mit einem Stückpreis von 7 Cent zu berücksichtigen ist.

2. Wie viel kostet 1,0 kg Heringssalat, wenn 5,0 kg Heringe zu 9,80 €/kg, 0,9 kg Gewürzgurken zu 1,38 €/kg, 1,2 kg Äpfel zu 1,45 €/kg, 1,2 kg Zwiebeln zu 0,95 €/kg und 2,0 kg Dressing zu insgesamt 1,65 € verarbeitet werden. Bei der Herstellung fallen pro Kilogramm geschnittener Einlage 1,50 € und beim Verkauf 43 % an Kosten an. An Gewinn sind 18 % und der reduzierte Satz an Mehrwertsteuer zu berücksichtigen.

3. Ein Matjessalat von 7,0 kg soll in 300-g- und 150-g-Schälchen abgefüllt werden. Für eine Bestellung werden 15 Stück mit 300 g benötigt. Der Rest kann in 150-g-Schälchen abgefüllt werden. Wie viele 150-g-Schälchen werden noch benötigt und wie viel bleibt als Rest übrig?

4. Sie sollen für eine Betriebsveranstaltung 50 Becher à 250 g Matjessalat zu einem Festpreis von 140,00 Euro liefern. Es ist bekannt, dass für diese Menge die Materialkosten bei 60,50 € liegen. An Herstellungsgemeinkosten werden 1,50 € pro Kilogramm Material, an Vertriebsgemeinkosten 40 %, an Lieferkosten pauschal 8,00 € und die gesetzliche Mehrwertsteuer einkalkuliert. Ermitteln Sie den Gewinn in Euro und Prozent.

5. Wie hoch sind die Materialkosten für 10,0 kg Ochsenmaulsalat, wenn das Kilogramm im Laden für 13,20 € verkauft wird und in der Kalkulation die gesetzliche Mehrwertsteuer, 20 % Gewinn, 45 % an Verkaufsgemeinkosten und 25,00 € an Herstellungskosten (pauschal) berücksichtigt werden?

Name: .... Klasse: .... Datum: ....

Bei einer „Fahrt ins Grüne“ kommt der Lehrling Jochen Brand an einer Viehweide vorbei, auf der er neben frei laufenden Rindern auch mehrere eigenartig gefleckte Schweine sieht. Neugierig geworden beschließt er, sich über die Tiere kundig zu machen.

A Schweine

a) Rassen

Durch Kreuzungen verschiedener Schweinerassen werden Schlachtschweine gezüchtet.

....

....

....

Schlachtschwein

Ein Schlachtschwein sollte folgende Eigenschaften besitzen:

Schlachtreife	....
Muskelfleischanteil	....
Speckdicke	....

b) Beurteilungskriterien

Alter	Spanferkel	…………………… Fleischqualität: ……………………
	Läufer, Frischling	…………………… Fleischqualität: ……………………
Geschlecht	Mutterschwein, Sau	…………………… ……………………
	Eber	…………………… ……………………
	Binneneber	…………………… …………………… Fleischqualität: ……………………
	Altschneider	…………………… …………………… ……………………
Ernährung/ Gesundheits-zustand	Schweine sind Allesfresser. Bei der Mast werden vorwiegend pflanzliche Produkten verfüttert, z. B. ▸ …………… ▸ …………… ▸ ……………	Bestimmung des Schlachtwerts: ▸ …………………… ▸ …………………… Schlachtausbeute: …………………… ……………………
	Verfütterung anderer Produkte, z. B. ▸ …………… ▸ …………… ▸ …………… ▸ ……………	Nachteil: ▸ …………………… ▸ ……………………

Exkurs: Beurteilung des Gesundheitszustands

Bei der Beurteilung des Gesundheitszustands von Schlachttieren ist auf folgende Körpermerkmale bzw. Verhaltensweisen zu achten:

- ……………………………………………
- ……………………………………………
- ……………………………………………
- ……………………………………………
- ……………………………………………

Name: .... Klasse: .... Datum: ....

B Kalb

Bei der Bezeichnung Kalb gibt es keine gesetzliche Festlegung bezüglich des Alters oder Gewichts. Üblich sind:

....

Bezeichnung	Erläuterung
Milchmastkälber	....
Doppellender	....
Babybeef	....

C Rinder

a) Rassen

Zweinutzungsrassen liefern sowohl eine hohe Milchleistung als auch eine gute Fleischqualität.

Bezeichnung	Herkunft		Eigenschaften		
	Verbreitung	Anteil in %	Fleischqualität	Fleischausbeute	Milchleistung
	....	....	....	....	....
	....	....	....	....	....
	....	....	....	....	....
	....	....	....	....	....

Fleischrassen liefern beste Fleischqualität.

	Bezeichnung/Herkunft	Eigenschaften	
		Fleisch-qualität	Besonderheiten

b) Alter und Geschlecht

Bezeichnung	Alter	Geschlecht		Beschreibung
		w	m	
Fresser				
Färse				
Kalbin				
Bulle				
Kuh				
Ochse				

Name: Klasse: Datum:

c) Altersbestimmung

Anhand der Zähne:

- bis 1 ½ Jahren: ...
- mit 1 ½ Jahren: ...
- mit 2 ½ Jahren: ...
- mit 3 ½ Jahren: ...
- mit 4 ½ Jahren: ...
- nach 5 Jahren: ...

Unterkiefer des Rindes mit Milchzähnen

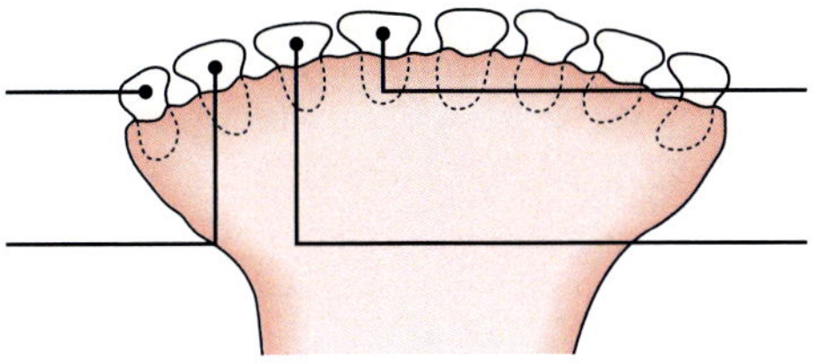

Anhand der Hornringe bei Kühen:

Regel: ... + ... = ...

d) Ernährungs- und Gesundheitszustand

Erläutern Sie, worüber die aufgeführten Begriffe Aufschluss geben bzw. was sie angeben.

Schlachtwert	
Schlachtausbeute	
Metzgergriffe	

D Schaf

Bezeichnung	Erläuterung	Ladenfleisch	Wurstfleisch
Lamm			
Schaf Mutterschaf			
Hammel Schafbock			

1 SCHLACHTTIERE KENNENLERNEN

Planen

Überlegen Sie sich eine Rastereinteilung, in der Sie die in Ihrer Region verbreiteten Rinderrassen zahlenmäßig erfassen können.

Durchführen

Erstellen Sie eine zahlenmäßige Übersicht der in Ihrer Region vertretenen Rinderrassen.

Bewerten

Vergleichen Sie Ihre Ergebnisse der in Ihrer Region vertretenen Rinderrassen mit den Ergebnissen Ihrer Mitschüler und ermitteln Sie die prozentualen Durchschnittswerte.

Wiederholen

1. Nach Erhebungen des Statistischen Bundesamts betrug der Schweinebestand im Nov. 2017 insgesamt ca. 27 500 000 Schweine. Davon waren:
- ca. 13 400 000 Ferkel und Jungschweine
- ca. 12 200 000 Mastschweine
- ca. 1 900 000 Zuchtsauen

Berechnen Sie die jeweiligen Anteile in Prozent.

2. Der Schweinebestand vom Mai 2017 (27 500 000) veränderte sich bis Nov. 2017 auf 27 500 000 Schweine. Berechnen Sie die Steigerung in Prozent.

3. Der Rinderbestand betrug nach Erhebungen des Statistischen Bundesamt im Nov. 2017 insgesamt 12 300 000 Tiere. Dies waren 0,7 % weniger als im Mai 2017. Berechnen Sie den Rinderbestand im Mai 2017.

4. Der Rinderbestand vom Mai 2010 von 12 809 492 Stück sank bis November 2017 auf 12 300 000 Tiere. Berechnen Sie den Rückgang in der Zahl der Tiere und in %.

Name: .... Klasse: .... Datum: ....

Der Banknachbar von Markus Thoma in der Berufsschule macht seine Fleischerlehre in einer Fleischerei in der Stadt. Er möchte aber auch das Schlachten von Tieren lernen. Dies ist jedoch in seinem Ausbildungsbetrieb nicht möglich. Er fragt Markus, ob er dies nicht in der Fleischerei Baringer, die noch selbst schlachtet, lernen könnte. Die beiden Ausbildungsmeister sind damit einverstanden, betonen aber, dass sich die beiden Auszubildenden noch über viele Dinge informieren müssen.

Orientieren

Informieren

A Transport von Schlachttieren

Tierschutztransportverordnung

Wer Tiere transportiert, benötigt einen

....

Wichtige Bestimmungen	Erläuterungen
Laderaum ◗ Bodenfläche ◗ Höhenbegrenzung	....
Transportdauer	....
Transport männlicher und weiblicher Tiere	....
Transport von unterschiedlichen Tierarten	....
Transport hornloser Tiere	....

Fünf goldene Regeln beim Treiben von Tieren (➜ Schülerbuch S. 352)

1. ....
2. ....
3. ....
4. ....
5. ....

Vorschriften der Fleischerei-Berufsgenossenschaft

Vorsichtsmaßnamen beim Treiben und Führen von Schlachttieren	◗ .... ◗ .... ◗ .... ◗ .... ◗ .... ◗ ....

B Schlachtprozess

Tierschutz-Schlachtverordnung

GRUNDSATZ: …

…

…

…

…

…

Sachkundenachweis

Wer Tiere betäuben oder schlachten will, muss eine Bescheinigung nachweisen, dass er …

… .

Dies trifft zu für:

- …
- Fleischer nach Einführung von Wahlqualifikationen nur mit …

Der Sachkundenachweis beinhaltet:	▸ … ▸ … ▸ … ▸ … ▸ … … … … … …
Im Sachkundenachweis ist der Geltungsbereich anzugeben:	▸ … ▸ … ▸ … … … … …

Name: Klasse: Datum:

Sachkundenachweis für Personen
gemäß Artikel 7 Absatz 2 der Verordnung (EG) Nr. 1099/2009

1. ANGABEN ZUR IDENTIFIZIERUNG DER SACHKUNDIGEN PERSON

1.1 **Familienname (und Adresse)**

Lichtbild

1.2 **Vornamen**

1.3 **Geburtsdatum**	***1.4*** **Geburtstand und Geburtsort**	***1.5*** **Staatsangehörigkeit**

2. NUMMER DES SACHKUNDENACHWEISES (lfd. Nr.)

2.1 **Diese Urkunde ist**

☐ **unbefristet gültig**

☐ **Für 3 Monate befristet gültig** (Artikel 21 Abs. 5)

2.2 **Gültig für folgende Tierarten, Tätigkelten, Art von Geräten** [*Nicht Zutreffnded streichen, Zutreffendes ankreuzen*]**:**

☐ **Handhabung und Pflege von** ____________________

☐ **Ruhigslellung von** ____________________

☐ **Einhängen und Hochziehen von** ____________________

Betäubung und Entblutung:

☐ **Schwein** ☐ **Bolzenschuss** ☐ **Elektro** ☐ **Gas** [*bitte benennen*]: ________

☐ **Rind** ☐ **Bolzenschuss** ☐ **Elektro**

☐ **Schaf/Ziege** ☐ **Bolzenschuss** ☐ **Elektro**

☐ **Pferd** ☐ **Bolzenschuss**

☐ **Geflügel** ☐ **Wasserbad** ☐ **Elektro** ☐ **Gas** [*bitte benennen*]: __ ☐ **Kopfschlag**

☐ **sonstige** [*bitte Tierert/Betaubungsverfahren benennen*]: ____________________

____

3. AUSSTELLUNGSBEHÖRDE/-STELLE

3.1 **Name und Anschrift der den Sachkundenachweis ausstellenden Behörde oder Stelle**

3.2 **Telefon**	***3.3*** **Fax**	***3.4*** **E-Mail**

3.5 **Datum** ***3.6*** Ort ***3.7*** **Amtssiegel**

3.8 **Narne und Unterschrift**

Hygienerechtliche Bestimmungen gemäß EG-Verordnung

Unterscheidung von zwei Arbeitsbereichen

unreine Bereiche	**reine Bereiche**
mit ………………… Hygienestandard	mit ………………… Hygienestandard
Dazu zählen:	Dazu zählen:
▸ ………………………………	▸ ………………………………
▸ ………………………………	▸ ………………………………
▸ ………………………………	▸ ………………………………
▸ ………………………………	▸ ………………………………
………………………………	

Betäuben

a) Aufgaben einer sachgerechten Betäubung:

- ………………………………………………………………
- ………………………………………………………………
- ………………………………………………………………
- ………………………………………………………………

b) Methoden

	Anwendung				Wirkung
	Schwein	Rind	Kalb	Schaf	
Bolzenschussapparat					……………… ……………… ………………
Zeichnen Sie die Betäubungspunkte ein.	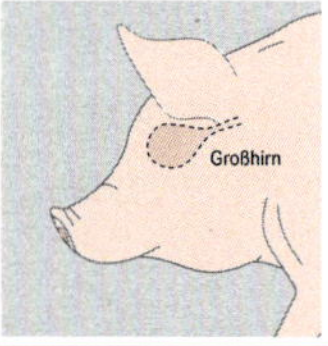				
Elektrozange					……………… ……………… ………………
Kohlendioxid					……………… ……………… ………………

Name: .... Klasse: .... Datum: ....

Betäubung von Schweinen mit Bolzenschussapparat ist nur zulässig	▸ ...... ▸ ...... ▸ ...... ▸ ...... ▸ ......
Anzeichen einer sachgerechten Betäubung mit Bolzenschussapparat	▸ ...... ▸ ...... ▸ ...... ▸ ...... ▸ ...... ▸ ...... ▸ ......

Richtige Treibladung für Bolzenschussapparat

Gelb	......
Blau	......
Rot	......

Elektrobetäubung

	Betäubungs-Punkt	Mindest-stromstärke	Dauer des Stromflusses	Wirkung	Dauer der Betäubung
Schwein	....	......	......	....	......
Schaf	....	......	......	....	......

Kohlendioxidbetäubung

Wirkung	Betäubungsdauer/Entblutung
Kohlendioxid hat ...... Bewusstlosigkeit tritt nach ...... ein	....

Entbluten

Aufgabe: ....

....

....

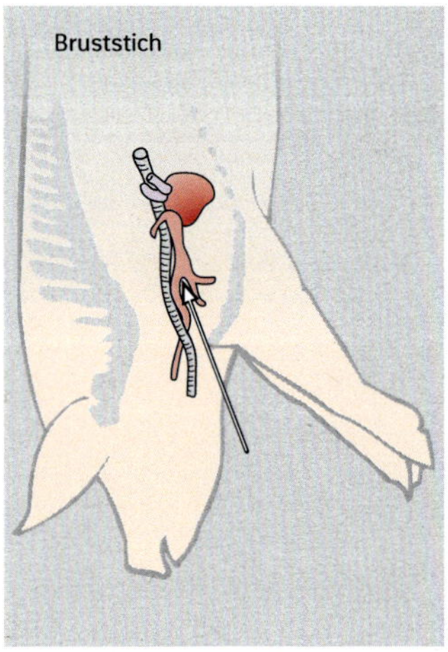

Stichmethode	Anwendung bei Tierart	Hinweise/Verwendung
Bruststich	....	....
Halsstich	....	....
Halsschnitt	....	....

Brühen, Enthaaren und Reinigen von Schweinen

Verfahren	Erläuterung
Brühen	....
Abbürsten oder Abkratzen	....
Abflämmen	....
Abduschen	....

Ausnehmen der Innereien

Weiße Innereien	Dazu zählen:	Gefahr: ....
Rote Innereien	Dazu zählen:	Verwendung: ....

Name: .... **Klasse:** .... **Datum:** ....

Nebenprodukte

	Verwendung in der Fleischerei	Industrielle Verwertung
Därme, Magen		
Blut		
Häute, Felle		
Haare, Borsten		
Hörner, Klauen		
Knochen		
Drüsen		
Fette		

Abfälle, Risikomaterial

Merke:
Schädel, Hirn, Rückenmark, Milz, Augen, Mandeln und Rinderdarm können P R I O N E N enthalten. Dies sind Eiweißstoffe, die vermutlich die BSE-Krankheit bei Rindern auslösen. Deshalb müssen diese Teile

....

....

Überlegen Sie, welcher Schlachthof in Ihrer Nähe sich für einen Besuch mit Ihrer Klasse eignet.

Planen

Planen Sie den Besuch eines Schlachthofs und richten Sie ein Schreiben an die zuständige Schlachthofdirektion, in dem Sie um einen Besichtigungstermin bitten.

Durchführen

Wägen Sie die Vorschläge Ihrer Mitschüler gegeneinander ab und wählen Sie den geeignetsten Schlachthof aus.

Bewerten

Orientieren

Der Azubi Markus Thoma erhält von seinem Meister während des Schlachtens den Auftrag, bestimmte Teile des Tierkörpers für die tierärztliche Untersuchung sorgfältig bereitzulegen. Er wundert sich, warum der Amtstierarzt bei einigen Tieren die Kontrolle sehr rasch erledigt und es bei anderen Tieren deutlich länger dauert, bis er den Tierkörper als tauglich bewertet.

A Hygiene

Informieren

Das bisherige System der rechtlichen Festlegungen „Fleischhygienegesetz" und „Fleischhygieneverordnung" wurde zum 01. Januar 2006 durch eine neue EG-Verordnung abgelöst.

Hygienepaket der Europäischen Gemeinschaft

= ....

Ziele

E	**P**	**E** ....
....	....	....
....	....	....

Kontrolle im Erzeugerbetrieb

LM – Erzeuger (Landwirt) → Kontrollen im Betrieb mit .... ← Haus-Tierarzt

über

- ....
- ....
- ....
- ....

ergibt

....

Diese ist Voraussetzung zur Anmeldung eines Tieres zum Schlachten.

Name: .... Klasse: .... Datum: ....

Untersuchungen vor dem Schlachten

Kontrolle im Schlachthof

Amtstierarzt

- ....
- ....
- ....

Umfang der Untersuchung

a) Visuelle Untersuchung	b) Zusätzliche Untersuchungen
Blut:	Trichinen beim Schwein
....	bei Rotz: ....
....	....
....	....
....	....
....	Pharmastoffe mit
....	– ....
....	– ....
....	– ....
....	Injektionsstellen

MERKE

Östrogen =
weibliches Geschlechtshormon, stärkt u. a. das Immunsystem

Androgen =
männliches Geschlechtshormon, fördert u. a. die Muskelbildung

Gestagen =
weibliches Geschlechtshormon, verhindert u. a. Trächtigwerden

Besonderheiten

- Bakteriologische Untersuchung (BU)

  Wird angeordnet, wenn

  – ....
  – ....
  – ....
  – ....

- BSE-Test
  - Durchführung bei Rindern ist nicht mehr verpflichtend, da in den letzten Jahren keine neuen Verdachtsfälle mehr aufgetreten sind.
  - Vorsichtsmaßnahme:

    ....

    ....

MERKE
BSE wird vermutlich durch eine abnormale Erhöhung des Prioneneiweißes im Gehirn ausgelöst.
- Nervenzellen sterben ab
- Verzehr des Tieres könnte Krankheiten auslösen

- Rückstandsuntersuchungen
  - Werden durchgeführt, wenn ....
  - Begründung: ....

    ....

Bewertung des Tierkörpers

Was sagen die folgenden Stempel über die Bewertung eines Tierkörpers aus?

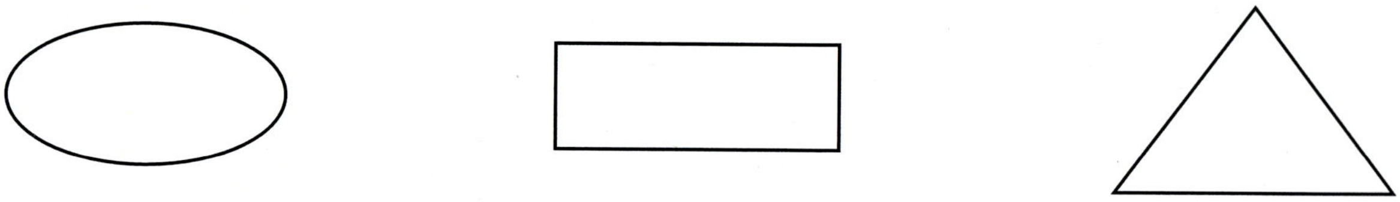

....	....	....
....	....	....

B Qualitätssicherung durch Kühlen, Lagern

Abkühlen

- Unmittelbar nach der Schlachtung: ....
  ....
- Begründung: ....
- Verfahren: ....
  ....
  ....
  ....

Lagerung

- ....
- Auskühlverlust pro Tag: ....

Planen

Überlegen Sie, bei welchen Abschnitten des Schlachtvorgangs eine hygienische Kontrollmaßnahme am Tierkörper in Form einer Abklatschprobe (→ siehe Lernfeld 2, Kapitel 2.2) sinnvoll ist.

Durchführen

Führen Sie die Abklatschproben anhand von Nährböden durch, kennzeichnen Sie die Proben und bebrühen Sie diese in einem warmen Raum bei ca. 30 °C.

Bewerten

Begutachten Sie das Keimwachstum nach einigen Tagen und stellen Sie fest, bei welcher Probe die Keimbelastung am höchsten ist.

Wiederholen

Name: .... **Klasse:** .... **Datum:** ....

1. Jeweils zwei Bausteine ergeben eine sinnvolle Aussage. Treffen Sie die entsprechende Zuordnung. Zur besseren Übersicht können Sie die einzelnen Paare auch farbig markieren.

	1	2	3	4	5
A	Prionen sind …	… Muskulatur, Bindegewebe, Fettgewebe.	… dass ein Schwein trichinenfrei ist.	… zur Eigenverantwortlichkeit und Eigenkontrolle.	… Abkühlung und Kühllagerung.
B	Der Pharmastoff Androgen …	… Tiere notgeschlachtet werden müssen.	Eine Qualitätssicherung nach der Schlachtung erfolgt durch …	Rückstandsuntersuchungen werden durchgeführt, wenn …	… abnormal verdrehte Eiweißstoffe, die vermutlich BSE auslösen.
C	… am Tierkörper Injektionsstellen festgestellt werden.	Das Hygienepaket der EG verpflichtet jeden LM-Unternehmer …	Der Pharmastoff Östrogen …	Die Anmeldung zur Schlachtung erfordert …	Der rechteckige Untersuchungsstempel des Amtstierarztes besagt, …
D	Eine bakteriologische Untersuchung wird durchgeführt, wenn …	… eine Lebensmittelketten-Information über das Schlachttier.	… fördert die Muskelbildung.	Die visuelle Untersuchung umfasst auch …	… stärkt das Immunsystem der Tiere.

Lösung: ....

2. Das Gewicht zweier Rinderhälften betrug unmittelbar nach dem Schlachtvorgang 528 kg. Nach dem Abkühlen auf 4 °C Kerntemperatur wogen die Hälften noch 518,496 kg. Wie hoch ist der Abkühlverlust in Prozent?

3. Die beiden Rinderhälften aus Aufgabe 2 (518,496 kg) werden im Kühlraum weitere sieben Tage gelagert. Welches Gewicht haben sie danach, wenn mit einem täglichen Auskühlverlust von 0,8 % gerechnet wird?

4. Das Jahr 2001 war laut Aussagen des Statistischen Bundesamts der Höhepunkt der BSE-Krise bei Rindern. Der Rinderbestand belief sich in diesem Jahr auf 14 603 000 Tiere. Bei den im Rahmen der Schlachtung vorgeschriebenen BSE-Untersuchungen wurden in ganz Deutschland 125 Tiere BSE-positiv getestet.
Wie viel Prozent der Tiere waren dies?

5. Nach Angaben des Tiergesundheitsberichts des Bundesforschungsinstituts für Tiergesundheit hat die Zahl der BSE-Fälle deutlich abgenommen. Im Jahr 2009 wurde bei 1 057 879 der geschlachteten Rinder ein BSE-Schnelltest durchgeführt. Davon war ein Tier BSE-positiv.
Wie viel Prozent der untersuchten Tiere waren somit betroffen?

Orientieren

Informieren

Die Auszubildenden der Fleischerei Baringer sollen Gerichte zum Motto „Unsere Mittagsrenner – für jeden Gaumen das richtige Angebot“ zusammenstellen, herstellen und auch den Verkaufspreis berechnen.

A Grundsätze für die Zusammenstellung von Gerichten

Definition: Als Gericht bezeichnet man ....

....

Bestandteile eines klassischen (Haupt)-Gerichts:

Ob die Zusammenstellung eines Gerichts gelungen ist, kann mit folgenden Fragen überprüft werden:

- Ist das Gericht auf die Kundenerwartungen und die gewählte Zielgruppe abgestimmt?
- ....
- ....
- ....
- ....
- ....
- ....
- ....
- ....
- ....
- ....

Name: .... **Klasse:** .... **Datum:** ....

Bei der Kalkulation des Materialeinkaufs geht man von folgenden Portionsmengen aus:

	Portionsmenge (gegart)	durchschnittliche Zubereitungsverluste
Braten, Kochfleisch, Portionsfleischstücke	....	Knochenanteil: ca. .... Parüren (Zuschnitt): ca. .... Brat- oder Garverlust: ca. ....
Gemüse, Kartoffeln	....	durch Putzen, Schälen, Garen insgesamt ca. ....
Blattsalate	....	durch Putzen ca. ....
Rohkost, andere Salate	....	durch Putzen, Schälen ca. ....
Reis, Nudeln	....	kein Verlust, da Wasseraufnahme, Rohware ca. ....

Allgemein gilt:

Rohware	–	Zubereitungsverlust	=	Portionsmenge
..........%	–	z. B. 20 %	=	........%

Berechnen Sie die fehlenden Angaben, wenn der Zubereitungsverlust 20 % beträgt.

250 g	–	..........g	=	200 g gebratenes Rindersteak
........g	–	..........g	=	120 g gekochte Kartoffeln

B Kalte Gerichte mit Fleisch und anderen Rohstoffen

Präsentation:

- ....
- ....
....

Beispiele	passende Beilage oder Dekoration
Pasteten, Rouladen, Galantinen	Blattsalat- oder Gemüsegarnitur, Weißbrot
Feinkostsülzen, Aspikspeisen	....
geräucherter Lachs, Forellenfilet	....
Braten-, Schinkenaufschnitt	....
gebratene Geflügelkleinteile	....
Mozzarella	....
Emmentaler, Gouda	....

C Suppen und Eintöpfe

Suppen eignen sich

- ……
- ……

Portionsmenge: ……

a) Klare Suppen

Zutaten für die Herstellung	……
Beispiele	……
Einlagen	……

b) Gebundene Suppen

Dazu gehören z. B.: ……

c) Eintöpfe

Eintöpfe eigenen sich insbesondere

- bei rustikalen Anlässen im Freien
- ……
- ……

Beispiele: ……

Portionsmenge: ……

Serviervorschlag(Büfett/Tellergericht): ……

Name: .... *Klasse:* .... *Datum:* ....

D Warme Gerichte aus Fleisch

Fleischteile – am Stück ....

Beispiele: Tafelspitz, ...

Fleischteile – am Stück gebraten oder geschmort, ggf. mit Hack- oder Gemüsefüllung

Beispiele: ....

Gerichte aus Hackfleisch – gebraten, ...

Beispiele: ....

Portionsfleischstücke – ....

Beispiele: Steaks von Rind, ...

Portionsfleischstücke und Kleinfleisch – sautiert oder ....

Beispiele: ....

Weitere Hauptgerichte mit Fleisch

Beispiele: ....

....

....

....

E Soßen

In der Fleischerei sind folgende Soßen und deren Ableitungen üblich:

a) Warme Soßen

Bratensoßen

Erläuterung: ....

....

Grundsoßen	Ableitungen	Eignung
Weiße Grundsoße	....	Tellerfleisch in Meerrettichsoße ....
Bechamelsoße	....	....
....	....	....

b) Selbstständige Soßen

Erläuterung:

Beispiele:

c) Kalte Soßen

Produkte	geeignete kalte Soße
Pasteten, Wildgerichte	
Gebackener Fisch	
Grillgerichte	
Asiatische Speisen	
Salate	

F Beilagen

a) Sättigungsbeilagen

Kartoffeln sind das Ausgangsmaterial für eine Vielzahl unterschiedlicher Beilagen.

Beispiele:

Weitere aus Getreide/Getreideprodukten hergestellte Beilagen sind:

b) Gemüse-, Salat- und Pilzbeilagen

Ernährungsphysiologischer Wert:

Beispiele für Beilagen:

- roh verzehrbar (z. B. als Salat): Rotkraut,
- gedünstet/gekocht:
- gebraten:
- frittiert (ggf. im Teigmantel):

Name: Klasse: Datum:

G Tipps und Regeln für die Präsentation und den Verkauf der Gerichte

Präsentation in der Imbisstheke und Anrichten auf dem Teller

- Grundsatz: „Das Auge isst mit!“
- Suppen, Eintöpfe, Hauptzutaten und Beilagen in der Imbisstheke in Edelstahleinsätzen (GN-Einsätzen) ansprechend und hygienisch einwandfrei präsentieren
- ......
- ......
- ......
- ......

Bereitstellung für den Außer-Haus-Verzehr

......

......

Empfehlung von Zusatzangeboten

Beispiele: ......

Gestaltung des Imbissbereiches sowie der Werbematerialien

- ......
- ......
- ......
- ......
- ......

......

Planen

1. Stellen Sie passende Gerichte für Ihren Mittagstisch zusammen. Auf der Karte sollen drei warme Hauptgerichte, zwei Suppen bzw. Eintöpfe und zwei kalte Gerichte stehen. Berücksichtigen Sie dabei, dass ein Teil der Kundschaft einfache bis gutbürgerliche Gerichte bevorzugt, der andere Teil leichte, fett- und eher fleischarme Küche.
2. Ermitteln Sie für eines dieser Gerichte den Materialbedarf für jeweils zehn Portionen. Berücksichtigen Sie dabei durchschnittlich anfallende Herstellungsverluste.
3. Erstellen Sie einen Arbeits- und Zeitplan zur Herstellung des jeweiligen Gerichts.
4. Kalkulieren Sie den Verkaufspreis einer Portion, wenn Sie mit einem Stundenkostensatz von 22,00 € für die veranschlagte Arbeitszeit rechnen und dann noch 35 % Verkaufsgemeinkosten, 15 % Gewinn und die gesetzliche Mehrwertsteuer aufschlagen.

Durchführen

1. Gestalten Sie die Tageskarte und andere Werbeträger (z. B. Plakat) ansprechend.
2. Stellen Sie das ausgewählte Gericht her und richten Sie dieses fachgerecht und dekorativ an.
3. Üben Sie dabei auch die Abgabe der Gerichte im Verkaufsgespräch.

Bewerten

1. Beurteilen Sie die hergestellten Speisen und den Arbeitsprozess.
2. Leiten Sie vom Ergebnis Ihrer Bewertung eventuelle Verbesserungsvorschläge ab.

Orientieren

Der Ausbildungsmeister von Markus Thoma beabsichtigt, eine neue Wurstsorte herzustellen und diese mit dem Zusatz seines Heimatorts zu versehen. Markus erhält den Auftrag, sich kundig zu machen, welche rechtlichen Vorschriften zu beachten sind.

Informieren

A Bezeichnungen

Verkehrsbezeichnungen

Sie geben lediglich einen Hinweis auf

-
-

Herkunftsbezeichnungen

Diese Erzeugnisse müssen

-
-

B Festlegungen der Europäischen Union

Damit eine **Herkunftsbezeichnung** durch EU-Recht geschützt werden kann, sind folgende Schritte zu beachten:

1. Schritt:

2. Schritt:

GESCHÜTZTE URSPRUNGSBEZEICHNUNG

g. U.

Erläuterung:

GESCHÜTZTE GEOGRAFISCHE ANGABE

g. g. A.

Erläuterung:

GARANTIERT TRADITIONELLE SPEZIALITÄT

g. t. S.

Erläuterung:

Name: .... Klasse: .... Datum: ....

C Festlegungen nach den Leitsätzen

Grundsatz: Geografische Bezeichnungen sind i. d. R. ....

In manchen Fällen *können sie* lediglich ....

....

Festlegung: *In Verbindung mit den Worten* ....

....

Gliederung nach drei Gesichtspunkten:

Ausgangsmaterial

- ....
- ....

Besondere Merkmale

- ....
- ....
- ....
- ....

Analysenwerte

- ....
- ....

Planen

Überlegen Sie, welche regionalen Spezialitäten es in Ihrer Region gibt.

Durchführen

Besorgen Sie sich die Rezeptur für eine Spezialität aus Ihrer Region und stellen Sie diese her. Bewerten Sie die Spezialitäten Ihrer Mitschüler nach Originalität, Aussehen und Geschmack.

Wiederholen

1. Jeweils zwei Bausteine ergeben eine sinnvolle Aussage. Treffen Sie die entsprechende Zuordnung.

	1	2	3	4	5
A	Verkehrsbezeichnungen geben lediglich einen Hinweis …	Die Leitsätze sind …	Ein Produkt, das in einer bestimmten Region erzeugt, verarbeitet und hergestellt wurde, …	Das EU-Siegel „g. U." weist auf ein Produkt hin, das …	… eine Eintragung als Herkunftsbezeichnung zuvor vom Deutschen Patentamt geprüft und bei Erfolg veröffentlicht wurde.
B	… wird mit dem EU-Siegel „geschützte geografische Angabe" gekennzeichnet.	Ein EU-Siegel kann man für ein Erzeugnis nur erhalten, wenn …	… in einem bestimmten geografischen Gebiet erzeugt, verarbeitet und hergestellt sein muss.	… die nationale Rechtssetzung für Fleisch und Fleischerzeugnisse.	… auf eine bestimmte Materialzusammensetzung.

Lösung: ....

Orientieren

Für eine Kundin sollen Leberwurst, Lyoner und Eisbein in Konserven hergestellt werden. Diese müssen eine zwölfwöchige Europa-Rundreise in einem Campingbus ohne Kühlung überstehen.

A Haltbarmachung

Informieren

Grundsätze der Haltbarmachung

Ziel der Konservenherstellung ist die Haltbarmachung der Erzeugnisse für längere Zeit. Das kann erreicht werden durch:

Pasteurisieren	....
Sterilisieren	....
Merke:	....

Neben der längeren Haltbarkeit sollen die sensorischen Eigenschaften und Inhaltsstoffe möglichst erhalten bleiben. Das sind:

....

....

Wichtige Temperaturbereiche

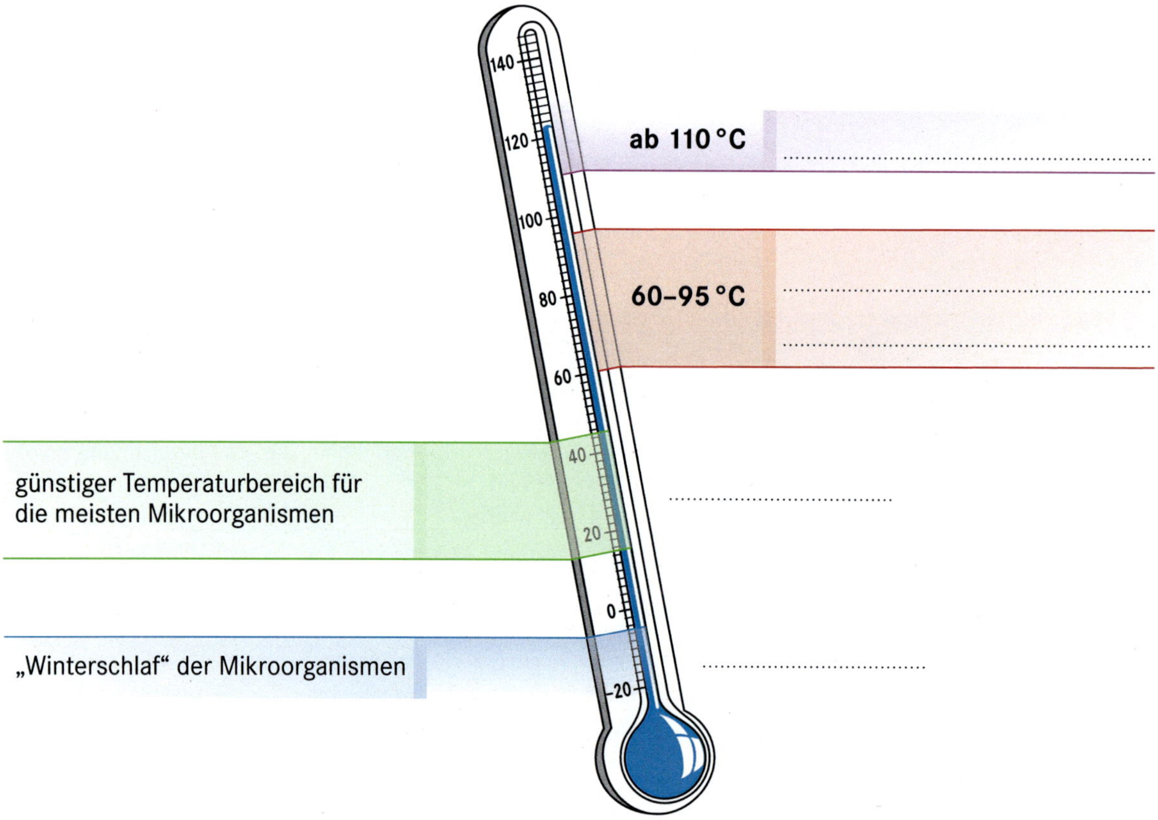

Name: .... *Klasse:* .... *Datum:* ....

Einfluss des Eh-Werts (Sauerstoffgehalt)

Der **Eh-Wert** sagt aus, wie viel freier Sauerstoff im jeweiligen Füllgut enthalten ist.

Niedriger Eh-Wert: ....

Hoher Eh-Wert: ....

....

Belastung der Materialien durch Keime auf der Oberfläche

Ein Gramm Wurstmasse enthält beispielsweise 1 000 Keime. Nach der Erhitzung bleiben zehn Keime am Leben.

Wie viel Keime enthält eine erhitzte Ware, wenn ein Gramm Wurstmasse aufgrund mangelnder Hygiene mit 800 500 Mikroorganismen behaftet ist?

Merke: Je niedriger die Anfangskeimbelastung des Ausgangsmaterials und der Behältnisse, desto ....

....

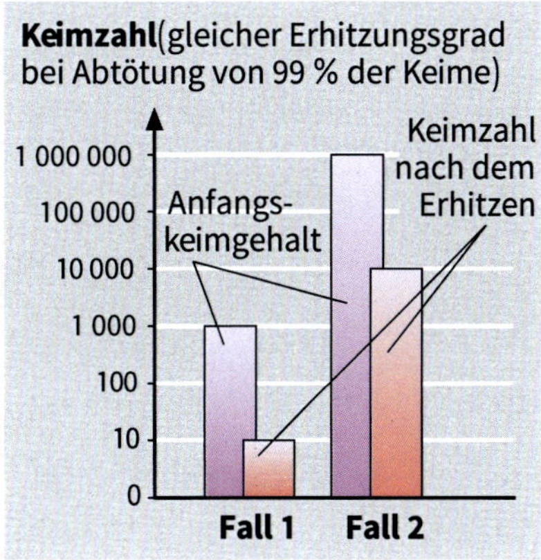

B Behältnisse: Anforderungen, Füllen und Verschließen

Mögliche Behältnisse:
- ....
- ....
- ....
- ....
- ....

Richtiges Befüllen: ....

- Überfüllte Dosen → ....
- Zu gering befüllte Dosen → ....
- Achtung: Die Ränder ....

Beim Verschließen ist zu beachten:

....

....

....

....

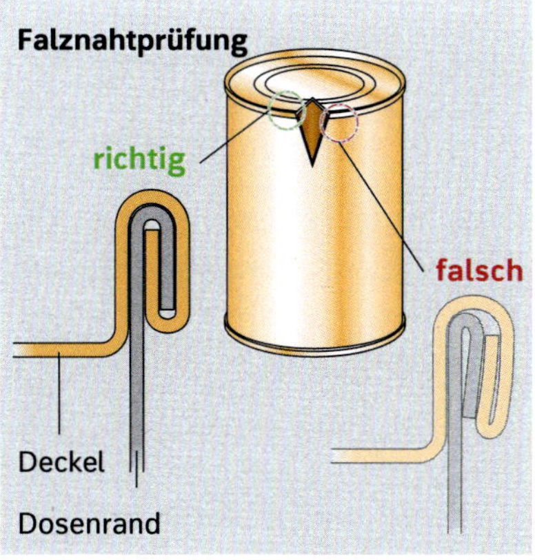

C Erhitzungsverfahren

Um optimale **Qualitäts- und Haltbarkeitswerte** bei den unterschiedlichen Konserventypen erhalten zu können, müssen unterschiedliche **Erhitzungsverfahren** mit den entsprechenden **Temperatur- und Einwirkzeiten** angewandt werden. Man unterscheidet grundsätzlich zwischen:

Pasteurisieren: Temperaturen zwischen ....

Sterilisieren: Temperaturen im Kernbereich zwischen ....

Einteilung der Sterilisationsverfahren nach					
Bewegungsart		Erhitzung		Temperaturverlauf	
....	....	....	....	....	....

D Der F-Wert

Der **F-Wert** gibt an: ....

Merke: F 1 ≙ ....

Erläutern Sie, wie die Temperatur zur F-Wert-Bestimmung gemessen wird:

....

Ermitteln Sie auf einem gesonderten Blatt den F-Wert, wenn beim Protokoll folgende Temperaturen festgehalten wurden: 5. Min. 85 °C , 6. Min. 89 °C , 7. Min. 91 °C, 8. Min. 95 °C, 9. Min. 97 °C, 10. Min. 101 °C, 11. Min. 103 °C, 12. Min. 105 °C, 13. Min. 104 °C, 14. Min. 104 °C, 15. Min. 103 °C, 16. Min. 103 °C, 17. Min. 102 °C, 18. Min. 101 °C, 19. Min. 100 °C, 20. Min. 99 °C, 21. Min. 98 °C, 22. Min. 95 °C, 23. Min. 92 °C.

Hinweis: Die F-Werte zu den jeweiligen Temperaturen finden Sie im Anhang des Schülerbuchs auf Seite 491.

Erreichter F-Wert:

E Der C-Wert = ...

Der **C-Wert** (von Cooking Value, engl. = Koch-Wert) gibt an, wie stark das Füllgut während der Hitzeeinwirkung geschädigt wird.

Merke: Der C-Wert (1) gibt Schädigungen an, ...

....

Zu starkes und zu langes Erhitzen (hoher C-Wert) kann zu folgenden Fehlern führen:

- ....
- ....
- ....
- ....

Name: .... Klasse: .... Datum: ....

F Einteilung der Konserven

Die Konserven werden nach der Erhitzung in verschiedene Typen eingeteilt.

Bezeichnung	Lagerfähigkeit
Vollkonserve	....
....	6 Monate unter 5 °C
Tropenkonserve	....
....	1 Jahr unter 10 °C

Der meist hergestellte Konserventyp in Ihrer Fleischerei: ....

....

Begründung: ....

....

G Bombagen

Dieser Ausdruck wird von der französischen Bezeichnung „bomber“

(= ....) abgeleitet.

Als **Bombagen** werden Konserven bezeichnet, deren Boden und Deckel sich nach außen wölben.

Die **biologische Bombage** wird verursacht ....

Der Inhalt der Dose ist ....

Vermeidung:

- ....
- ....
- ....
- ....

Die **chemische Bombage** entsteht durch eine chemische Reaktion aus Säuren und Salzen mit der Dosenwand oder dem Deckel bei Gläsern. Der Inhalt der Dose ist ....

Vermeidung:

- ....

Bei **physikalischen Bombagen** handelt es sich um unechte oder Scheinbombagen. Der Inhalt der Dose ist

....

Vermeidung:

- ....
- ....

H Kennzeichnung von Konserven

Folgende rechtliche Bestimmungen müssen beachtet werden:

……

Kennzeichnungselemente:

……

……

……

……

Mindesthaltbarkeitsdatum (MHD)

Grundsätzliche Angabe: ……

Das Jahr kann entfallen, wenn ……

Der Tag kann entfallen, wenn ……

Tag und Monat können entfallen, wenn ……

Muss bei einem Produkt bei der Lagerung eine bestimmte Temperatur eingehalten werden, so ist diese anzugeben.

Beispiel: mindestens haltbar bis ……

Mengenangabe

Grundsatz: Die Mengenangabe ……

Angabe bei einer festen Füllmasse: …… Beispiel: ……

Angabe bei Dosenwürstchen in Flüssigkeit: …… = Gewicht des Inhalts nach dem Abtropfen

Angabe bei flüssigen Füllmassen: ……

……

Beispiel: ……

Planen

1. Erstellen Sie Rezepturen für Leberwurst, Lyoner und Eisbein in Konserven.
2. Wählen Sie die geeigneten Materialien und Gewürze aus und berechnen Sie diese.
3. Legen Sie den Arbeitsablauf fest.
4. Überprüfen Sie den BEFFE-Gehalt Ihrer Wurst.

Durchführen

1. Stellen Sie die Brühwurst in Konserven her.
2. Ermitteln Sie den Verkaufspreis für 1,0 kg Ihrer hergestellten Wurst.
3. Überprüfen Sie den Herstellungsablauf entsprechend den kritischen Kontrollpunkten nach HACCP und halten Sie diese auf einer vorbereiteten Liste fest.
4. Erstellen Sie ein Protokoll bei der Erhitzung und berechnen Sie danach den F-Wert.

Bewerten

1. Bewerten Sie die hergestellte Wurst und überprüfen Sie diese auf eventuelle Mängel.
2. Leiten Sie vom Ergebnis der Überprüfung eventuelle Verbesserungsvorschläge ab.

Name: **Klasse:** **Datum:**

Wiederholen

1. Lösen Sie folgendes Rätsel. Das Lösungswort in der senkrechten, rot hinterlegten Spalte hat mit der Konservenherstellung zu tun.

1.							I	K	R	O	B	E	N				
2.		S	T	E	R		L	I	S	I	E	R	E	N			
3.				K	O		S	E	R	V	E						
4.	B	L	E	C	H		O	S	E								
5.	K	E	R	N	T		M	P	E	R	A	T	U	R			
6.				M	E		O	P	H	I	L	E					
7.		A	B	G	E		O	E	T	E	T						
8.					P		W	E	R	T							
9.							W	W	E	R	T						
10.				G	E		E	E	A	B	S	A	T	Z			
11.		F	W	E	R												
12.							O	M	B	A	G	E					
13.					H		L	B	K	O	N	S	E	R	V	E	
14.		S	A	U	E		S	T	O	F	F						
15.							O	P	F	R	A	U	M				
16.					K		I	M	E								
17.			F	L	E		S	C	H	E	I	N	W	A	A	G	E
18.				A	B		R	O	P	F	G	E	W	I	C	H	T

Lösungswort: ___ ___ ___ ___ ___ ___ ___ ___ ___ ___ ___ ___ ___ ___ ___ ___ ___ ___

1. Nennen Sie eine andere Bezeichnung für Mikroorgansimen.
2. Wie heißt das Erhitzen über 100 °C?
3. Nennen Sie den Ausdruck für eine Wurstdose, die erhitzt wurde.
4. Wie heißt ein Behältnis für Konserven?
5. Beim Erhitzen von Konserven muss eine bestimmte … erreicht werden.
6. Wie lautet die Bezeichnung für Bakterien, die sich im mittleren Temperaturbereich am besten vermehren?
7. Was werden Keime bei der Erhitzung?
8. Welcher Wert wird gemessen, wenn der Säuregrad im Produkt ermittelt werden soll?
9. Nennen Sie das Kürzel für den Wert, der das freie Wasser ausdrückt.
10. Was kann entstehen, wenn Konserven zu lange und zu stark erhitzt werden?
11. Welcher Wert gibt den Abtötungseffekt von Keimen im Kern einer Konserve an?
12. Was ist passiert, wenn sich bei einer Dose bei der Lagerung Deckel und Boden wölben?
13. Um welchen Konserventyp handelt es sich, wenn die Konserve nur sechs Monate haltbar ist?
14. Was sollte möglichst wenig in einer Konserve sein?
15. Wie nennt man den Bereich in einer Konserve unmittelbar unter dem Deckel?
16. Nennen Sie einen anderen Ausdruck für Mikroorganismen.
17. Welche Gewichtsangabe muss bei einem Eintopf in der Dose neben der Füllmenge erfolgen?
18. Welches Gewicht muss bei Dosenwürstchen angegeben werden?

Name: Klasse: Datum:

Die Filiale der Firma Buchheim möchte ihr Sortiment anlässlich des bevorstehenden Stadtjubiläums mit regionalen Spezialitäten ergänzen und auch die Bedienungstheke umgestalten. Die Auszubildenden erhalten den Auftrag, Produktvorschläge zu unterbreiten sowie die Präsentation der Waren in der Theke zu planen.

Orientieren

Informieren

A Warenpräsentation in der Verkaufstheke

Bei der Gestaltung der Verkaufstheke sind folgende Punkte zu beachten:

Ziele	Gestaltung der Warenpräsentation
Kundenorientierung	
Warenqualität und Frische	
Arbeitsfreundlichkeit	

B Sortiment

Das Sortiment in der Verkaufstheke teilt sich in **Pflicht**- und **Wahlsortiment**.

Pflichtsortiment	Wahlsortiment

C Verkaufsstarke Zonen

Beschriften Sie die Thekenbereiche und schraffieren Sie die Zonen, die dem Kunden besonders ins Auge fallen.

Verkäufer steht hinter der Theke		
Kunde steht direkt vor der Theke		

Bedeutung für die Belegung der Theke:

……………………………………………………

……………………………………………………

……………………………………………………

……………………………………………………

D Anlass- und saisonbezogene Thekenbelegung

Anlass/Saison	Produkte	Dekoration
Urlaub	Edelsalami, Wurstkonserven	Wanderrucksack
„Schlank ins Frühjahr“	……………………	……………………
Karneval	……………………	……………………
Eigenes Beispiel	……………………	……………………

E Thekenbelegungsplan

Der Thekenbelegungsplan hilft dabei,

- ……………………………………………………
  ……………………………………………………
- ……………………………………………………
  ……………………………………………………

F Frischezustand der Produkte und Hygiene

Oberste Priorität beim Einräumen einer Theke sollten die Frische der Produkte und die Hygiene einnehmen. Daher sind folgende Grundsätze zu beachten:

a) In die Theke sollten nur frische Fleisch- und Wurstwaren kommen.

Ausnahme: ……………………………………………………

b) Gewährleistung eines hygienischen Arbeitsablaufs

- Alle Arbeitsgegenstände und -flächen sind in einem einwandfrei sauberen Zustand zu halten.
- ……………………………………………………
- ……………………………………………………
- ……………………………………………………
- ……………………………………………………
- ……………………………………………………
- ……………………………………………………

Name: .... **Klasse:** .... **Datum:** ....

c) Einhaltung der Temperaturvorgaben von der Warenannahme bis zum Verkauf

- in der Theke (Fleisch und Wurst)
- im Kühlraum
- für Hackfleisch und Hackfleischerzeugnisse
- für verpacktes Hackfleisch mit Verbrauchsdatum von mehr als einer Tagesfrist – nur für zugelassene Betriebe nach EU-Verordnung
- Innereien, Geflügel und Wild
- Fisch, Meerestiere
- im Gefrierraum
- in Vorbereitungsräumen

1. Entwerfen Sie ein Fleisch- und Wurstwarensortiment für die Dauer des Stadtjubiläums.
2. Erstellen Sie anschließend einen Thekenbelegungsplan. Halten Sie darin auch Beschreibungen zur Warenpräsentation und Dekorationsvorschläge fest.
3. Entwickeln Sie Regeln, die bei der Vorbereitung und Belegung der Theke mit den ausgewählten Waren beachtet werden müssen, um eine optimale Präsentation sowie die Qualität der angebotenen Waren zu gewährleisten.

1. Richten Sie einen Ausschnitt der Theke ein und dekorieren Sie diesen fachgerecht.
2. Versehen Sie die Waren mit Preisschildern, die den rechtlichen Bestimmungen entsprechen (Fotodokumentation!).

Bewerten Sie die Thekenauslage hinsichtlich z. B. hygienischer Gesichtspunkte, ansprechender Gestaltung und Präsentation.

1. Analysieren Sie folgende Fälle und leiten Sie mögliche Ursachen bzw. Verbesserungsvorschläge ab:

Situation	Mögliche Ursachen	Verbesserungsvorschlag
Am Abend sind ca. 200 Scheiben Aufschnittware übrig geblieben. Die Ränder sind teilweise eigetrocknet.		
Für eine vor drei Monaten durchgeführte Aktionswoche wurden 500 Gläser Senf eingekauft. 100 Gläser sind noch übrig. Das Mindesthaltbarkeitsdatum läuft in einer Woche ab.		

2. Eine Schlachttierkalkulation ergab, dass von zehn Schweinen, die lebend insgesamt 1 050 kg wogen, nach dem Zerlegen und Ausbeinen noch 666,800 kg an Fleisch ohne Knochen übrig waren. Die Preiskalkulation ergab einen Durchschnittspreis von 4,36 €/kg.
Berechnen Sie die Gesamteinnahme, die der Fleischer durch den Verkauf und die Verarbeitung des Fleisches insgesamt erzielen muss, damit er keinen Verlust macht.

3. Da bei den Kunden einzelne Fleischteile besonders begehrt sind bzw. es Teile gibt, die nicht verkauft werden können, wertlos oder nur bei der Produktion verwendbar sind, nimmt ihr Meister auf der Grundlage des in Aufgabe 2 ermittelten Durchschnittspreises eine Bewertung der einzelnen Fleischteile vor:

a) Ermitteln Sie für die einzelnen Fleischteile die fehlenden Werte sowie die zu erwartende Gesamteinnahme.

Teilbezeichnung	**Bewertungssatz**	**Gewichteter Preis**	**Gewichte**	**Gesamtpreis**
Oberschale	175 %	€	30,200 kg	€
Unterschale mit Rolle	151 %	€	40,800 kg	€
Nuss	150 %	€	16,500 kg	€
Hüfte	150 %	€	17,600 kg	€
Schinkenhaxen	86 %	€	7,400 kg	€
Kamm	%	5,93 €	51,000 kg	€
Koteletts	116 %	€	74,500 kg	€
Lachsrücken ohne Kette	%	7,85 €	11,500 kg	€
Filet ohne Kette	225 %	€	17,600 kg	€
Bug	130 %	€	42,100 kg	€
Vordereisbein	80 %	€	15,000 kg	€
Bauch	%	4,14 €	54,800 kg	€
Brust	100 %	€	27,900 kg	€
Kopf	35 %	€	37,000 kg	€
Verarbeitungsfleisch	%	2,40 €	222,900 kg	€
Knochen wertlos			kg	
Kaltschlachtgewicht/Gesamteinnahme			833,490 kg	€

b) Berechnen Sie die aus allen Fleischteilen erzielte Gesamteinnahme und vergleichen Sie diese mit der in Aufgabe 2 kalkulierten Gesamteinnahme. Leiten Sie eine Schlussfolgerung ab.

Name: Klasse: Datum:

Inge Bach, die Verkaufsleiterin der Buchheim KG, möchte das Verkäuferverhalten ihrer Mitarbeiterinnen und Mitarbeiter optimieren. Im Rahmen einer firmeneigenen Schulung sollen Sie zunächst ein idealtypisches und gelungenes Verkaufsgepräch zwischen Kunde und Verkäufer entwerfen und in einem Rollenspiel präsentieren. (Die zweite Lernsituation aus dem Fachbuch S. 434 wird auf Seite 171 behandelt)

Orientieren

Informieren

A Der Verkaufsvorgang – Phasen eines Verkaufsgesprächs

(→ Schülerbuch Seite 447)

1. ....

2. ....

3. Kunden beraten, d. h.:
   - ....
   - ....
   - ....
   - ....

4. ....

5. ....

6. ....

7. ....

8. ....

Abhängig vom Kundentyp und von dessen Kaufmotiven verlaufen Verkaufsgespräche unterschiedlich (→ Schülerbuch Seite 447). Man unterscheidet:

Aushändigungsverkauf	Beratungsverkauf
Kunde kommt mit festem Kaufwunsch ins Geschäft.	Kunde kommt ohne bestimmten Kaufwunsch ins Geschäft. Verkäufer sollte versuchen, ...

B Verbale Kommunikation

Kommunikation bedeutet:

....
von Zeichen zur Übermittlung von
.... auf
der Sach- und ....

Der Gesprächspartner bildet sich einen Gesamteindruck aus folgenden Kommunikationsanteilen:

- verbal: ....
- .... Stimmeigenschaften und Sprechverhalten
- ....

Als sog. Kommunikationsstörer bezeichnet man z. B.: ....

....

a) Sprechniveau und Sprechweise

Im Verkaufsgespräch sollte man als Verkäufer folgende Regeln beachten:

Fehler des Verkäufers	Abhilfe → Regeln für gutes Verkaufen
Verkäufer „nuschelt“ und verschluckt die Endsilben. Verkäufer spricht schwer verständlichen Dialekt.	....
Verkäufer verwendet viele Fachbegriffe und Fremdwörter, die der Kunde nicht kennt bzw. die im Gespräch nicht erklärt werden.	....
Verkäufer verwendet häufig Passivsätze, z. B. „Die Waren werden Ihnen geliefert.“	Aktivsätze bilden, z. B. ....
Verkäufer verwendet häufig verneinende Wörter bzw. Verneinungssilben wie „kein“, „nicht“, „nein“, „un-“ bei der Verkaufsargumentation, z. B. „Beim Kauf dieser Schinkensorte werden Sie keinen Unterschied zur teureren merken.“	....
Verkäufer stellt die „negativen“ Eigenschaften der Ware heraus, z. B. „Diese Schinkensorte kostet 2,00 € mehr als diese hier und hat einen größeren Fettrand.“	....
Verkäufer spricht sehr ausschweifend, verwendet teilweise unvollständige Schachtelsätze.	....

Name: .... *Klasse:* .... *Datum:* ....

b) Fragetechnik

Um das Verkaufsgespräch gezielt zu lenken und zur Zufriedenheit aller schnell und gut zum Abschluss zu führen, wendet das Verkaufspersonal am häufigsten folgende Frageformen an:

Geschlossene (enge) Fragen

Merkmale:

- können nur mit .... beantwortet werden.
- fordern eine .... heraus.
- beginnen immer mit einem .... oder ....
- bringen ein Verkaufsgespräch schnell zum ....

Beispiel:

....

Gefahren:

....

....

Alternativfragen

Merkmale:

- geben die ....
- lassen die Wahl zwischen ....
- der Kunde bekommt nicht das Gefühl, dass ihm etwas aufgedrängt wird.
- Sie führen schnell eine ....

Beispiel:

....

Offene (weite) Fragen

Merkmale:

- beginnen mit einem Fragewort: ....
- ermuntern den Kunden, seine ....
- eignen sich besonders, um ....
- Die Antworten des Kunden lassen auf dessen ....

Beispiele:

....

....

Zusammenfassung: Im Verkaufsgespräch muss der Verkäufer diese Frageformen

- ....
- ....

c) Aktiv zuhören

Das bedeutet: ....

....

Der Verkäufer sollte:

Redefluss des Kunden unterstützen und ihm signalisieren, dass man zuhört

Beispiele: ....

....

....

....

Beispiele: „Habe ich Sie richtig verstanden? Sie möchten …“

Zwischenbemerkungen einstreuen

Beispiele: ....

....

....

....

....

Beispiele: ....

....

....

d) Stimmeigenschaften und Sprechverhalten bewusst einsetzen (paraverbale Kommunikation)

Spricht der Verkäufer …	Interpretiert der Kunde, dass …
… mit leiser, dünner oder zu hoher Stimme	➔ der Verkäufer ....
…	➔ der Verkäufer keine Lust hat, ihm langweilig ist, ihm die Fachkompetenz fehlt.
… zu schnell	➔ ....

Zu vermeiden sind:

- ....
  z. B. „Das glauben Sie doch selbst nicht!“
- ....
  ....
  z. B. „Ich kann es nicht oft genug wiederholen, nehmen Sie diesen Artikel!“
- ....
  ....
  z. B. „Das geht im Augenblick nicht!“, „Ich habe keine Zeit für so etwas!“

Name: .... **Klasse:** .... **Datum:** ....

C Nonverbale Kommunikation

Die nonverbale Kommunikation bezeichnet man auch als ....

Jeder Mensch wendet diese in der Regel ....

Sie .... sogar gesprochene Worte.

Deshalb ist es wichtig, dass man

- seine eigene Körpersprache kennenlernt, bewusst trainiert und in den Verkaufsgesprächen gezielt als Instrument einsetzt.
- die Körpersprache des Kunden ....

....

Die nonverbale Kommunikation setzt sich zusammen aus:

Mimik

Darunter versteht man die sichtbaren Muskelbewegungen der Augen, ...

.... die den

Gesichtsausdruck, die „Miene", ... verändern.

Die Art des Blicks unterstützt die Wirkung des Gesichtsausdrucks.

Gestik

....

....

....

....

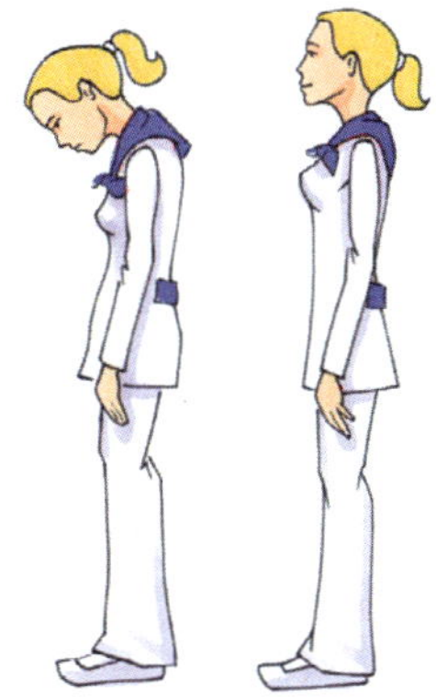

Körperhaltung

Sie entsteht durch das Zusammenwirken von Muskeln, Sehnen und Bändern.

Zur Körperhaltung zählen die ....

.... Sie lässt häufig Rückschlüsse

auf die .... eines Menschen zu.

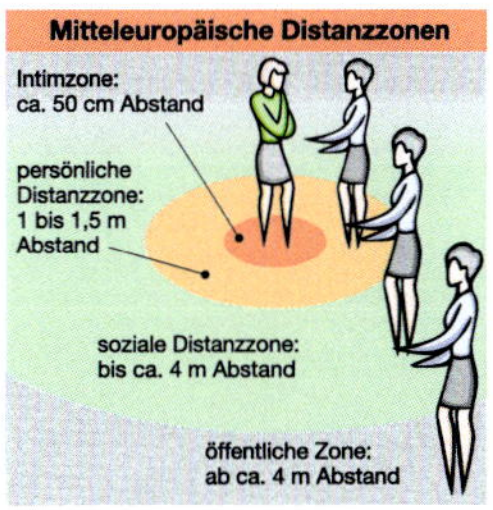

Abstand zu anderen Menschen

Der räumliche Abstand, der zu anderen Menschen eingenommen wird,

drückt .... zu ihnen aus. In die Intimzone eines

Menschen dürfen nur ....

....

Machen Sie Angaben über die Art der Körpersprache und die mögliche Interpretation des Kunden:

Körpersprachliches Signal:	Art*	Mögliche Interpretation des Kunden:
Lächeln (hochgezogene Wangen, kleinen Fältchen unter den Augen, Senken der Augenbrauen)	M	Freundlichkeit, positive Ausstrahlung, Interesse, Sympathie
Stirn/Augenbrauen runzeln	....	....
„schiefer“ Mund/schiefes Lächeln	....	....
fixierender Blick	....	....
wegsehen	....	....
Jemanden keines Blickes würdigen	....	....
Ärmel aufkrempeln	....	....
Hände in die Hüften stemmen	....	....
Hände reiben	....	....
überkreuzte Arme vor der Brust	....	....
Schulterzucken mit Aufdrehen der Hände	....	....
erhobener Kopf und aufrechter Oberkörper	....	....
hängender Kopf und Schultern	....	....
zu geringer Abstand zu seinem Gegenüber	....	....

* **M**imik, **G**estik, **K**örperhaltung, **A**bstand

Empfehlungen für den Einsatz der Körpersprache in Verkaufsgesprächen:

- Mimik:

....

- Gestik:

....

....

- Körperhaltung:

....

- Abstand zum Kunden:

....

....

....

Name: **Klasse:** **Datum:**

Planen

Entwerfen Sie ein Rollenspiel für ein komplettes Verkaufsgespräch zwischen Verkäufer und Käufer („Drehbuch"). Achten Sie dabei auf den zielgerichteten Einsatz von Sprache (v. a. Fragen) und Körpersprache.

Phase des Verkaufsgesprächs	Person	Sprachliche Signale	
		verbal	**nonverbal**
Kunden empfangen und begrüßen	Käufer	Guten Morgen!	Fr. Müller kommt freudestrahlend in den Laden.
	Verkäufer	Guten Morgen, Frau Müller!	lächeln, freundlicher Blick, offene Körperhaltung
Kaufwunsch erfragen	Verkäufer	Was darf ich Ihnen heute anbieten?	

Durchführen

Führen Sie das Verkaufsgespräch durch.

Bewerten

1. Lassen Sie Ihr Sprachverhalten als Verkäufer im Rollenspiel bewerten und holen Sie sich Tipps zur Verbesserung Ihrer Verkaufstätigkeit ein.
2. Nehmen Sie hierfür den Bewertungsbogen (→ Schülerbuch Seite 446 bzw. Arbeitsheft S. 207) zur Hilfe.

2 PROFESSIONELLE BERATUNGSGESPRÄCHE FÜHREN (SITUATION 1)

Verbale und nonverbale Kommunikationsmittel in Verkaufsgesprächen zielgerichtet einsetzen

Wiederholen

1. Jeweils zwei Bausteine ergeben eine sinnvolle Aussage. Treffen Sie die entsprechende Zuordnung, z. B. 1A–5B. Zur besseren Übersicht können Sie die einzelnen Paare auch farbig markieren.

	1	2	3	4	5
A	Offene Fragen im Beratungsgespräch …	Streut man beim aktiven Zuhören Zwischenbemerkungen ein, kann man z. B. sagen …	… können nur mit Ja oder Nein beantwortet werden.	… diese Person sich ärgert.	… verstärken die eigene Aussage und das Produktargument.
B	… Habe ich Sie richtig verstanden, Sie möchten Käse für kleine Spieße einkaufen?	… bezeichnet man die Körpersprache.	… wirkt er nervös oder unsicher.	Öffnende und demonstrierende Gesten, z. B. auf Ware zeigen, …	… ermuntern Kunden, Einkaufswünsche frei zu äußern.
C	Bewegungen der Arme, Hände und Finger zählen …	In die Hüfte gestemmte Arme können bedeuten, dass …	Eine Rückfrage beim aktiven Zuhören könnte lauten …	… den Kunden zwischen zwei Sorten entscheiden zu lassen.	… Richtig! Da bin ich ganz Ihrer Meinung! Ja!
D	Alternativfragen im Verkaufsgespräch sind ein gutes Mittel, um …	Wenn der Verkäufer mit leiser, dünner Stimme spricht, …	Geschlossene Fragen …	Als nonverbale Kommunikation …	… zur Gestik eines Menschen.

Lösung: ....

2. Lesen Sie die folgenden Worte jeweils von rechts nach links und ordnen Sie diese unten entsprechend zu. Das Lösungswort erhalten Sie, indem Sie die dafür benötigten Buchstaben (siehe Hinweise in den Klammern) von oben nach unten in der angegebenen Reihenfolge notieren.

FUAKREVSGNUGIDNEAHSUA – NEREOHUZ VITKA – GNUDEIHCSBAREV – NESARHPRELLIK – KIMIM – NIESTSSUWEBTSBLES

- Muskelbewegungen von Nase, Stirn, Augen sowie der Blick zählen zur .... (5. Bst.) eines Menschen.
- Mit der Kommunikationstechnik .... (9./10. Bst.) vermittelt der Verkäufer dem Kunden das Gefühl, dass er im Mittelpunkt des Gesprächs steht und geachtet wird.
- .... (6./7. Bst.) sind pauschale und abwertende Bemerkungen, die das Anliegen des Gesprächspartners abblocken.
- Erfüllt der Verkäufer unverzüglich einen festen Kaufwunsch des Kunden, so spricht man von .... (6./17./4./19. Bst.).
- Ein Mensch mit aufrechtem Körper und erhobenem Kopf strahlt .... (3./6./10. Bst.) aus.
- Die letzte Phase in einem Verkaufsgespräch nennt man .... (13./14. Bst.).

Lösungswort: .... ➔ Sie lässt Rückschlüsse auf die innere Haltung eines Menschen zu.

Name: .... Klasse: .... Datum: ....

Inge Bach, die Verkaufsleiterin der Filiale der Buchheim KG, bespricht in der wöchentlichen Teamsitzung zu optimierende Verkaufssituationen (→ Schülerbuch Seite 434) und beauftragt das Verkaufsteam, dafür geeignete Lösungsvarianten zu erarbeiten.

Orientieren

Informieren

A Einteilung von Kunden

Hinsichtlich des Kauf- und Käuferverhaltens kann man Kunden in verschiedene „Kategorien" einteilen:

Kundenarten	Spezielle Kundengruppen	Kundentypen
Stammkundschaft	z. B. Kinder, ...	entschlossen, ...
....	....	....
....	....	....
	....	....
	....	....
	....	....
	....	....

a) Kundenarten

Stammkunde:	Laufkunde:
Merkmal:	Merkmal: ....
Verhalten des Verkäufers:	Verhalten des Verkäufers: .... Ziel: ....

b) Spezielle Kundengruppen

Kinder und Jugendliche

Kinder und Jugendliche stellen eine wichtige Kundengruppe dar. Gründe dafür sind:

....

....

....

....

Regeln im Umgang mit Kindern und Jugendlichen

Begrüßung:	....
Beratung:	....
Alternativangebote:	....
Kleinere Kinder ohne Begleitung mit Einkaufszettel:	....

Rechtliche Vorschriften

Alkohol und Zigaretten

Abgabe von	Ab einem Alter von
alkoholischen Getränken	....
Spirituosen, spirituosenhaltigen Mixgetränken	....
Tabakwaren	....

Vorsichtsmaßnahme: ....

....

Geschäftsfähigkeit

nicht geschäftsfähig	beschränkt geschäftsfähig	voll geschäftsfähig
.... Jahren	.... Jahren	.... Jahren

Was besagt der sog. „Taschengeldparagraph" (§ 110 BGB)?	Was gilt für andere Kaufverträge?
....	....
Beispiel:	Beispiel: ....

Name: .... Klasse: .... Datum: ....

Senioren

Als Senioren bezeichnet man Personen, die ....

Regeln im Umgang mit Senioren

Allgemein gilt:	....
Begrüßung:	....
Beratung:	....
Senioren mit Hör- und/oder Seh-schwierigkeiten:	....
Senioren mit Geh-behinderung:	....
Weitere Service-leistungen:	....

Kunden anderer Muttersprache

Regeln im Umgang mit Kunden anderer Muttersprache

Verständnis für die ....
....
....
der ausländischen Kunden zeigen.

....
....
....
....

....
....
....
....

....
....
....
....
....
....

c) **Kundentypen**

Kundenaussage	Kundentyp	Verkäuferverhalten
Guten Tag! Könnten Sie mich bitte schnell bedienen? Ich stehe nämlich im Parkverbot.		
Guten Tag! Ich hätte gerne 150 g Schinken. Haben Sie etwas im Angebot? Nein? Was kostet dieser Schinken hier in der Theke? Gibt es auch eine günstigere Variante?		
Guten Morgen! Ich sehe gerade, dass Sie eine neue Salamisorte im Sortiment haben. Das sieht interessant aus. Die möchte ich gerne mal probieren.		
Guten Tag! (V: Was darf ich Ihnen anbieten?) Ich weiß noch nicht genau, ich suche etwas für den Kindergeburtstag meiner Tochter.		
Ich möchte gerne für das Pausenbrot meines Sohnes eine fettarme Wurst. Ja, die sieht gut aus! Aus welchen Inhaltsstoffen besteht denn diese Wurst? Woher beziehen Sie das Fleisch?		
Der aufgeschnittene Schinken in Ihrer Auslage, ist das wirklich „Schwarzwälder Schinken"? Und der kostet wirklich nur den angegebenen Preis?		
Könnten Sie mich bitte beraten? Morgen Abend kommen Geschäftsfreunde meines Mannes zu Besuch. Ich möchte etwas Außergewöhnliches kochen, Tournedos oder so. Was haben Sie denn da?		
Guten Tag, Fräulein Susanne! Ich komme gerade von Tierarzt! Stellen Sie sich vor, mein Dackel Gustav hat sich den Hinterfuß verstaucht. Sehen Sie, wie er leidet?		

Name: Klasse: Datum:

B Produkt- und Preisargumentation in der Beratungsphase

a) Verkaufsargumente formulieren (➜ Schülerbuch Seite 448f.)

In der Beratungsphase eingesetzte positive Produktargumente stellen die Vorzüge der gezeigten Waren geschickt heraus. Sie beziehen sich auf:

Beschaffenheit (Konsistenz)

bei Fleischwaren: z. B. ....

....

....

....

bei Fleisch: z. B. ....

....

....

....

z. B. naturgereift, zart geräuchert, mild gesalzen

....

z. B. mit Kräutern, mit Käse, mit Knoblauch

Gesundheitliche Aspekte

z. B. ....

....

....

....

....

z. B. sauer, salzig, ...

....

....

Zubereitung und Verwendung

z. B. ....

....

....

....

....

z. B. max. Lagerzeit und Lagertemperatur, Aufbewahrung in Frischhaltedosen

....

z. B. Spitzenqualität, 1a-Qualität, Hinweise auf regionale Erzeugung der Rohstoffe, Bioprodukte

Vorgehensweise: Mehrere Argumente bei der Produktbeschreibung kombinieren.

Beispiele:

Kalbsleberwurst: ....

....

Bierschinken: ....

Eigene Beispiele: ....

....

Vorteile: ....

....

b) Preisnennung in die Produktargumentation einbeziehen

Dazu eignet sich die sog. „Sandwich-Methode“. Das bedeutet:

....

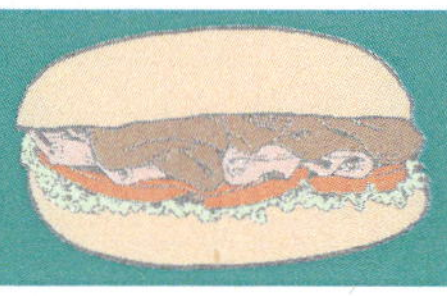	Beispiel 1:	Beispiel 2:
Produktargument 1	„Der Bierschinken ist 1a-Qualität.“	....
Preisnennung	„100 g kosten 0,95 €.“	....
Produktargument 2	„Er enthält eine magere Einlage, ist fettarm und eignet sich besonderes gut für das Pausenbrot Ihrer Kinder.“	....

c) Kundeneinwänden begegnen

Die häufigsten Einwände richten sich gegen den .... oder ....

Einwänden kann man geschickt begegnen:

- ....
- durch Ausräumen der Bedenken des Kunden mit überzeugenden Argumenten

Beliebte Techniken sind:

Beispiel	Methode	Beschreibung
....	....	Die Verkaufsperson stimmt dem Einwand zunächst zu. Anschließend schränkt sie die Zustimmung durch eine Umformulierung bzw. ein Gegenargument ein.
„Gerade weil wir etwas teurer sind, können wir hochwertigere Rohstoffe bei der Schinkenherstellung verarbeiten und damit qualitätsbewusste Kunden ansprechen.“	....	....
„An dieser Stelle höre ich häufig den Einwand, dass ...“	....	Die Verkaufsperson bringt einen mit großer Wahrscheinlichkeit zu erwartenden Einwand von sich aus – noch ehe dies der Kunde tut – selbst in das Verkaufsgespräch ein und entkräftet diesen sofort mit Gegenargumenten.

Name: .... **Klasse:** .... **Datum:** ....

d) Umgang mit Reklamationen

Ehrliche Reklamationen von Kunden bieten Ihrem Betrieb die Chance,

....

Dabei empfiehlt sich folgende Vorgehensweise:

....

....

....

....

....

....

....

1. Analysieren Sie die drei Fallsituationen aus dem Fachbuch (→ Schülerbuch Seite 434) beispielsweise im Hinblick auf Kundentyp, Fehler des Verkäufers im Gesprächsverlauf, Reaktion des Kunden.
2. Planen Sie Lösungsalternativen. Hilfestellung dazu bietet Ihnen die nachfolgende Vorlage.
3. Überlegen Sie sich, welche Waren und Zusatzangebote mit welchen Argumenten Sie jeweils anbieten würden.

Beispiel 1:

Phase des Verkaufsgesprächs	Person	Gesprächsverlauf: → Formulierungen/Fragen des Verkäufers → Mögliche Antworten/Reaktion des Kunden

Führen Sie die Gespräche durch.

Bewerten Sie die Verkaufsgespräche gegenseitig und leiten Sie Verbesserungsmöglichkeiten ab.

Wiederholen

1. Jeweils zwei Bausteine ergeben eine sinnvolle Aussage. Treffen Sie die entsprechende Zuordnung.

	1	2	3	4	5
A	Der Laufkunde …	… die Nennung des Preises zwischen Verkaufsargumenten einzubetten.	… kann man den Geschmack von Waren beschreiben.	Sandwich-Methode bedeutet, …	Ist eine vom Kunden verlangte Ware nicht vorrätig, …
B	… betonen gesundheitliche Aspekte von Waren.	… kommt nur gelegentlich oder „zufällig“ zum Einkaufen ins Fachgeschäft.	Die Bezeichnungen fettarm, iodsalzhaltig, eiweißreich, vollwertig …	… empfiehlt der Verkäufer eine gleichwertige/ähnliche Ware.	Mit den Eigenschaftswörtern sauer, salzig, würzig, scharf …

Lösung: ....

2. Wenden Sie für folgende Artikel die Sandwichmethode an. Empfehlen Sie auch geeignete Ergänzungsangebote.

- Lachsschinken

....

- Cordon bleu (küchenfertig)

....

- Fleischsalat

....

Name: ________ **Klasse:** ________ **Datum:** ________

- Weichkäse

- Eigenes Beispiel

3. Antworten Sie in englischer Sprache.
- Eine englischsprachige Kundin kommt morgens zu Ihnen ins Geschäft. Begrüßen Sie sie und fragen Sie sie, was sie möchte.
- Sie zeigt auf die Weißwürste und möchte von Ihnen wissen, wie diese Wurstsorte heißt.
- Sie empfehlen ihr zusätzlich süßen Senf.
- Sie fragen, ob sie noch einen weiteren Wunsch hat.
- Sie nennen den Preis und geben 11,35 € Wechselgeld zurück.
- Sie verabschieden sich, bedanken sich für den Einkauf und wünschen einen guten Tag.

4. a) Ermitteln Sie für ausgewählte Waren aus dem Sortiment Ihres Ausbildungsbetriebs die englischen Bezeichnungen und üben Sie die Aussprache.
b) Legen Sie ggf. eine Lernkartei an:
- Vorderseite: englische Bezeichnung oder Redewendung
- Rückseite: deutsche Bezeichnung, Übersetzung

Orientieren

Das Ehepaar Baringer möchte den Bereich Partyservice stärker auszubauen und dafür geeignete Angebote erstellen. Dazu sollen anlassbezogen verschiedene Menü- und Büfettvorschläge entworfen und in einer Kundenberatungsmappe ansprechend dargestellt werden. Zudem sollen die Mitarbeiter Beratungsgespräche mit potenziellen Kunden üben.

Informieren

A Anlassbezogene Beratung des Kunden bei der Bestellannahme

Partyservice/Catering bedeutet: ....

....

....

Vorteile für den Kunden: ....

....

....

Das **Beratungsgespräch** zur Auftragsannahme beinhaltet im Wesentlichen folgende Schritte:

1. ....

2. ....

Private Anlässe	Geschäftliche Anlässe	Sonstige Anlässe
Beispiele:	Beispiele:	Beispiele:
....	....	....
....	....	....
....	....	....

3. Auftraggeber individuell beraten

- Informationen einholen: ....

  ....

- passende Angebote für den genannten Anlass unterbreiten,

  z. B. mit einer ....

  Darin sind enthalten:

  ....

  ....

  ....

  ....

Wehnertstraße 22 • 83435 Bad Reichenhall
Telefon: 08651 45897 • T elefax: 08651 45899
www.baringer-wvd.de

PARTYSERVICE BARINGER

Vorschlag 1: kaltes Büfett

- **feine Variationen vom Räucherfisch** wie z. B.: würzig marinierte Riesengarnelen, frisch gebeizter Räucherlachs, geräuchertes Lachsforellenfilet mit Sahne-Meerrettich
- **zarte Hackfleischbällchen** aufgespießt und garniert mit Gurken und Minitomaten
- **knusprig gegrillte Chicken Wings** mit Kräuter- und Curry-Dips
- **würzige Schinkenspezialitäten,** roh, gekocht und luftgetrocknet, hauchdünn aufgeschnitten und reich mit Früchten garniert
- **gefüllte Schinkenröllchen** mit Spargelspitzen und Kräuterremoulade
- **Blattsalate der Saison** mit rosa gebratenen Entenbruststreifen an würzigem Balsamicodressing

Dazu reichen wir Butter, verschiedene Frischkäsesorten und eine erlesene Brostauswahl, z. B. französisches Baguette, Ciabatta, bunt gemischte Partybrötchen, Vollkornbrot.

pro Person 15,50 €

(Mindestbestellmenge: 10 Personen)

- Entschluss für ein Angebot herbeiführen. Oder:

  ....

  ....

  ....

Name: .... Klasse: .... Datum: ....

4. spezielle Wünsche und gewünschte Zusatz-Serviceleistungen erfragen

räumliche Gegebenheiten: z. B. ....

Zusatzleistungen: z. B. ....

....

5. Vereinbarungen und wichtige Daten im Verlauf des Gesprächs auf einem Bestellformular dokumentieren

6. Bestellvorgang abschließen und Zahlungsbedingungen vereinbaren

- ....
- ....
- ....

....

7. Kunden verabschieden

Merke:
Um bei einem individuell zusammengestellten Angebot Fehlkalkulationen und Verluste zu vermeiden, empfiehlt sich die folgende Vorgehensweise:

- ....

....

- ....

B Grundsätze für die Zusammenstellung von Menüs oder Büfetts

a) Speisenfolge im Menü

Definition „Menü“: ....

....

Kreuzen Sie Kombinationsmöglichkeiten für ein Drei-, Vier- oder Fünfgangmenü an:

	Kalte Vorspeise	Suppe	Warme Vorspeise	Hauptgericht	Nachspeisen/ Dessert
drei Gänge					
drei Gänge					
vier Gänge					
vier Gänge					
fünf Gänge					

Die einzelnen Gänge erfüllen folgende Aufgaben:

Gang	Aufgabe
Kalte/warme Vorspeise und Suppe	◗ .... ◗ ....
Hauptgang mit Beilagen	....
Nachspeise/Dessert	....

Zu den Nachspeisen gehören:

- Käse- und Quarkspeisen: z. B. ....
- warme Süßspeisen: z. B. ....
- kalte Süßspeisen: z. B. ....
- Obst: z. B. ....
- Eisspeisen: z. B. ....
- Gebäck und Torten: z. B. ....

b) Regeln zur Auswahl der Speisen

- ....
  ....
  z. B. festliches Menü zum 70. Geburtstag, rustikales Menü zum Richtfest
- Speisen auf den Gästekreis sowie deren Vorlieben und Wünsche abstimmen
  - hoher Frauen- oder Seniorenanteil: ....
    ....
  - hoher Männeranteil: ....
  - Gäste anderer Religionen/Nationalität: ....
- qualitativ hochwertige Produkte und Zutaten aus regionalen Quellen einsetzen
  Begründung: ....
  ....
  ....
- ....
  z. B. von Zutaten, Garverfahren/Zubereitungsarten, Farben
- leichte und schwere (gehaltvolle) Speisen abwechseln
  Begründung: ....
  ....
- ....
  z. B. mild gewürzte und leichte Vorspeisen vor kräftig gewürzten Hauptspeisen

Name: .... **Klasse:** .... **Datum:** ....

c) Zusammenstellung eine Büfetts

Bei einem Büfett werden ....

....

Die Festlegung eines Büfetts erfolgt nach folgenden Kriterien:

- Form: z. B. ....
- Art: z. B. ....
- Thema: z. B. ....
- Lebensmittel- oder Speisenart: z. B. ....

Für ein kalt-warmes Büfett empfiehlt sich folgende Zusammensetzung:

- Vorspeisen: ....
- Hauptgerichte: ....
  ....
- Salate: ....
- Nachspeise: ....

Bei der Auswahl der Speisen sollte man Folgendes beachten:

....

....

....

....

....

C Auswahl der passenden Getränke

Bei besonders feinen und festlichen Menüs werden neben .... folgende Getränke angeboten:

Empfang der Gäste und Vorspeise	anregendes Getränk (sog. Aperitif), z. B. ....
....	....
....	zu Fisch und hellem Fleisch, z. B. Geflügel, Kalb: .... zu dunklem Fleisch, z. B. Rind, Lamm, Wild: .... zu Bratengerichten: .... zu gekochten oder gedünsteten Speisen: ....
....	....
....	....
....	Heißgetränk, z. B. .... Getränk zur Verdauungsförderung (sog. Digestif), z. B. ....

Planen

1. Stellen Sie jeweils einen Menü- und Büfettvorschlag für je einen Anlass Ihrer Wahl zusammen. Berücksichtigen Sie dabei passende Getränke und Zusatzdienstleistungen.

Anlass: ....

Menüvorschlag: ....

Anzahl der Gänge: ....

	Kalte Vorspeise	Suppe	Warme Vorspeise	Hauptgericht	Nachspeisen/ Dessert
Speisen	....	....	....	....	....

Anlass: ....

Büfettvorschlag: ....

Form/Art/Thema des Büfetts: ....

Speisenangebot: ....

....

....

....

....

2. Planen Sie ein Beratungsgespräch, in dem Sie einem potenziellen Kunden Ihr Angebot unterbreiten.

Phase des Verkaufsgesprächs	Person	Gesprächsverlauf: → Formulierungen/Fragen des Verkäufers → Mögliche Antworten/Reaktion des Kunden

Durchführen

1. Gestalten Sie zu Aufgabe1 einen Beitrag für die Kundenberatungsmappe.
2. Führen Sie das Beratungsgespräch aus Aufgabe 2 durch. Dokumentieren Sie Ihre Vereinbarungen im Bestellformular (→ Anhang Seite 207 f.)

Bewerten

1. Bewerten Sie gegenseitig die erstellten Vorschläge und das Beratungsgespräch.
2. Leiten Sie daraus eventuelle Verbesserungsvorschläge ab.

Name: .... **Klasse:** .... **Datum:** ....

Wiederholen

1. Finden Sie die jeweiligen Begriffe. Die markierten Stellen ergeben von unten nach oben gelesen das Lösungswort.

Gang in einem Menü

Darin sind die Menü- und Büfettangebote eines Fleischerfachgeschäftes anschaulich dargestellt

Italienische Nachspeise

Preisnachlass

Verdauungsförderndes Getränk

Getränk, das zu Gerichten aus dunklem Fleisch passt

Es hilft, die im Beratungsgespräch mit dem Kunden getroffenen Vereinbarungen festzuhalten

Beliebtes Heißgetränk aus Italien

Lösungswort: ....

2. Ihr Ausbildungsbetrieb bietet Ihren Kunden unter anderem folgende Büfettvorschläge an:

Italienisches Pasta-Büfett	12,50 €/Person
Italienisches Büfett	19,80 €/Person
Asiatisches Büfett	22,80 €/Person
Bayerisches Büfett, Variante 1	16,50 €/Person
Bayerisches Büfett, Variante 2	25,80 €/Person
Vegetarisches Büfett	18,50 €/Person

Bei der Preiskalkulation werden folgende Konditionen zugrunde gelegt:

Anlieferung und Abholung:
je Fahrt (Hin- und Rückfahrt)
bis 10 Kilometer: 15,- €
bis 20 Kilometer: 20,- €
bis 30 Kilometer: 30,- €

Personalleistungen:
Koch/Fleischer: 28,50 €/Stunde
Servicemitarbeiter: 23,50 €/Stunde
Küchenhilfe: 22,50 €/Stunde

Kinderermäßigung:
Bis 6 Jahre: kostenlos
Bis 12 Jahre: 40 % des Preises pro Person

Bei Zahlung innerhalb von 10 Tagen:
3 % Skontoabzug möglich

Situation:
Für ihren Polterabend wählen Heike Meller und Michael Klarmann aus Ihrer Beratungsmappe den Vorschlag „Italienisches Büfett“ aus. Es werden 38 Erwachsene, drei Kinder unter sechs Jahren und fünf Kinder im Alter von acht bis zwölf Jahren erwartet. Der Veranstaltungsort liegt 25 km von Ihrem Geschäft entfernt. Das Paar benötigt außerdem noch einen Servicemitarbeiter für die Zeit von 3,5 Stunden und eine Küchenhilfe für die Zeit von zwei Stunden.

a) Ermitteln Sie den Rechnungsbetrag, wenn Ihr Ausbildungsbetrieb auf den Büfettpreis zusätzlich noch 5 % Rabatt gewährt.

b) Berechnen Sie den Barzahlungsbetrag, wenn das Paar innerhalb von zehn Tagen die Rechnung begleicht.

c) Heike Meller und Michael Klarmann schwanken im Beratungsgespräch noch hinsichtlich Ihrer Entscheidung für das „Italienische Büfett“. Sie ziehen das „Bayerische Büfett (Variante 2)“ als mögliche Alternative in Erwägung. Ermitteln Sie den Bruttorechnungsbetrag und Barzahlungspreis für das „Bayerische Büfett“. Geben Sie an, wie viel Euro das Paar mehr ausgeben müsste.

Name: .... **Klasse:** .... **Datum:** ....

Frau Baringer beauftragt die Belegschaft, ein Büfett herzustellen, es anlassgemäß zu präsentieren und die Kosten pro Person zu ermitteln.

Orientieren

Informieren

A Schritte bei Planung, Herstellung und Transport eines Büfetts

Auswahl der Rezepte

Es empfiehlt sich:

....

....

....

Ermittlung des Materialbedarfs

Die Kalkulation der Materialmengen ist einer der wichtigsten Schritte.

Begründung: ....

....

In Abhängigkeit von der Dauer der Veranstaltung und des anwesenden Personenkreises werden folgende Richtwerte zur Kalkulation der Materialmengen empfohlen:

a) Kaltes Büfett

Material	Menge
....	ca. .... pro Person
....	ca. 100–150 g pro Person
....	ca. 30–40 g pro Person

Faustregel zur Berechnung

Materialgesamtmenge: ....

Beispiel: 10 verschiedenen Speisen pro Büfett = ...

b) Kalt-warmes Büfett

Speisenfolge	Gesamtmenge pro Person (Fertiggewicht)	Speisenfolge	Mengenempfehlung pro Person (Fertiggewicht)
kalte Vorspeisen	....	Salatbeilage	....
Suppe	....	Dressing	....
warme Hauptgerichte	....	Käse	....
Soßen	....	süße Nachspeise	....
Feinkostsalate	....	Brot/Backwaren	....
Sättigungs- und Gemüsebeilage	....	Butter	....

Berechnung der Herstellmengen

Berechnungsbeispiel:
Für ein kalt-warmes Büfett werden 30 Personen (20 Männer, 10 Frauen) erwartet. Es werden folgende Speisen bestellt (jeweilige Höchstmenge berücksichtigen):

Speisen	Gesamtmenge pro Person	Herstellmenge pro Person und Speise	Herstellmenge für 30 Personen pro Speise
drei kalte Vorspeisen	100 g	100 g : 3 Speisen = 33,33 g	33,33 g x 30 Pers. = 999,99 g = 1,0 kg
eine Suppe	....	....	....
zwei warme Hauptgerichte	....	....	....
zwei Soßen	....	....	....
zwei Sättigungsbeilagen, eine Gemüsebeilage	....	....	....
eine Käseplatte (vier Sorten)	....	....	....
zwei süße Nachspeisen	....	....	....

Umrechnung des Grundrezepts
Beispiel: Die Grundrezepte für die gewählten Vorspeisen ergeben folgende Mengen:
Vorspeise 1 = 500 g; Vorspeise 2 = 800 g, Vorspeise 3 = 1,5 kg.

Faustformel

.... = Umrechnungszahl für das Grundrezept

- Vorspeise 1: 1,0 kg : 0,500 kg = 2

  Das bedeutet: ....

  ....

- Vorspeise 2: ....
- Vorspeise 3: ....

Bei der Berechnung der Einkaufsmengen sind ggf. noch die Zubereitungs- und Herstellungsverluste zu berücksichtigen (→ Lernfeld 12, Kap. 4.1).

Mengenangabe für Getränke
Bei längerer Dauer der Veranstaltung pro Person ist mit folgenden Mengen zu rechnen:

- ....
- ....

Getränke werden i. d. R. auf „Kommission" verkauft. Das bedeutet:

....

....

Name: .... *Klasse:* .... *Datum:* ....

Erstellen einer Einkaufsliste

Nr.	**Artikel Bestellnummer**	**Bezugsquelle Liefertag**	Vorspeise 1 **Räucherfisch-variation**	Vorspeise 2 **Mozarella mit Tomaten**	Vorspeise 3 **Roastbeef**
Fleisch und Fleischwaren					
	Rinderlende	eigene Produktion			4,200 kg
Fisch/Meeresfrüchte					
	Forellenfilet, geräuchert, Nr. 5835	Seefix GmbH Montag	2,000 kg		
	Räucherlachs in Scheiben, Nr. 5837	Seefix GmbH Montag	2,000 kg		
	Riesengarnelen Nr. 5855	Seefix GmbH Montag	2,500 kg		

Zweck: Einkaufslisten dienen als ....

....

Dabei sind folgende Faktoren zu berücksichtigen:

- ....
- ....
- ....

Planung des Arbeitsablaufs und des Zeitbedarfs

Zweck: ....

....

Der **zeitliche Ablaufplan** legt unter anderem fest:

- ....
- ....
- ....
- ....
- ....
- ....

Herstellung des Büfetts

a) Tätigkeiten, die vor dem Veranstaltungstag erledigt werden können:

- ....
- ....
- ....
- ....

b) Tätigkeiten, die am Veranstaltungstag durchgeführt werden müssen:

c) Beim Legen und Garnieren von kalten Platten ist zu beachten:

Plattenmaterial/-auswahl

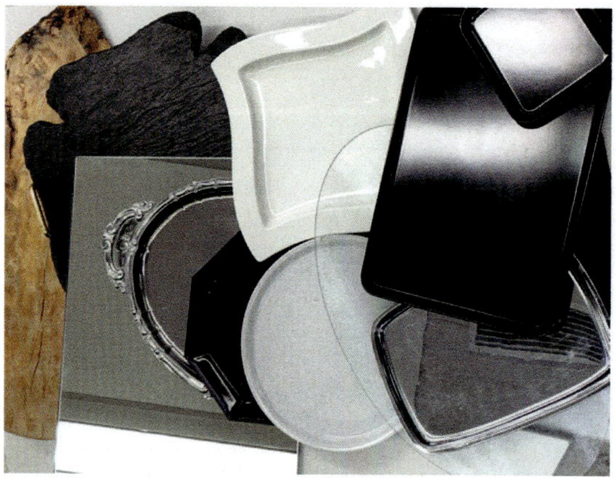

rustikale Anlässe:

festliche Anlässe:

Materialauswahl und -vorbereitung

Regeln beim Legen der Platten

Name: .... Klasse: .... Datum: ....

Garniturauswahl

Nennen Sie Kriterien für eine geeignete Garniturauswahl:

- ....
- ....
- ....
- ....

Transport von Speisen

Anforderungen an Transportbehältnisse:

- ....
- ....
  ....
- ....
- ....

B Planungsschritte und Tätigkeiten im Service

Planung des Serviceablaufs

Ein Arbeitsplan sollte folgende Informationen enthalten:

- ....
- ....
- ....
- ....
- ....
- ....

Vorbereiten der Tischanordnung

Die Anordnung des Büfetttisches und der Gästetische ist von folgenden Faktoren abhängig:

- ....
- ....
- ....

Allgemein ist zu beachten:	Begründung (aus Sicht des Gastes/Servicepersonals)
Büfetttafel darf nicht zu breit/tief sein.	....
Der Abstand zwischen den Tischen muss ausreichend groß sein	....

Aufbaumöglichkeiten:

	Standort des Büfetttisches im Raum/Tischform	Standort der Gästetische/bevorzugte Tafelform(en)	Anmerkungen (Vorteile/Nachteile)
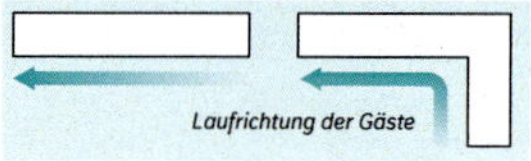 einseitig begehbar	an der Wand als lange Tafel oder in L-Form,	in der Raummitte, alle Tafelformen möglich	
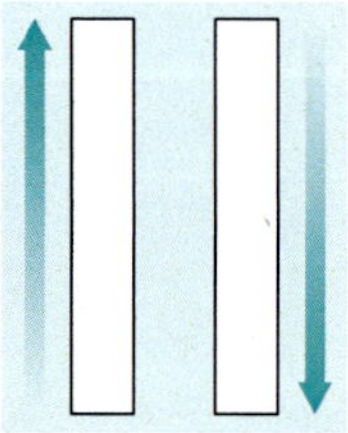			
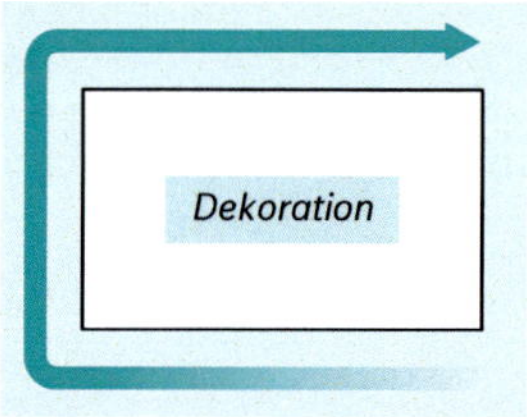			
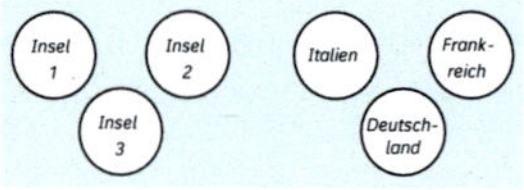			

Arbeitsschritte beim Eindecken der Gästetische

- Tische mit Moltons bedecken

Name: .... **Klasse:** .... **Datum:** ....

Für ein besonders festliches Büfett oder Menü gilt folgende Anordnung:

Arbeitsschritte bei der Vorbereitung und Dekoration des Büfetttischs

- Tisch mit Moltons überdecken

....

....

....

....

....

....

....

....

Speisenanordnung auf dem Büfetttisch

- Speisenanordnung: ....
- Laufrichtung: ....
- Soßen und Salate: ....
  ....
- Teller: ....
- Brotauswahl, Reservebestecke und -servietten: ....
- Tiefe Teller oder Tassen für die Suppe: ....
- Geschirr für den Nachtisch: ....
- Vorlegebestecke: ....

Zum Warmhalten der Speisen eignen sich:

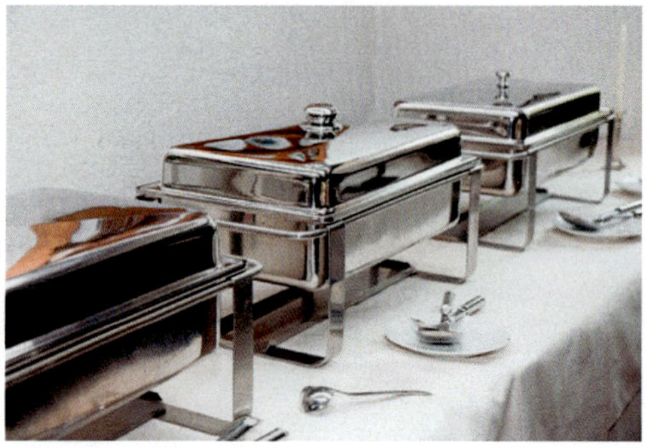

Getränke zur Selbstbedienung:

Gestaltung von Menü-/Büfettkarten und Informationsschildern

Menü-/Büfettkarten

Informationsschilder

Tätigkeiten des Servicepersonals

am Büfett:

am Gast:

C Bewertung der Speisen und des Arbeitsprozesses

Die Bewertung kann mithilfe eines Beurteilungsbogens (→ Anhang Seite 210) erfolgen. Dieser erfüllt folgenden Zweck:

Name: .... **Klasse:** .... **Datum:** ....

Planen

1. Erstellen Sie einen Büfettvorschlag. Wählen Sie dazu geeignete Rezepte aus und berechnen Sie den Materialbedarf.
2. Planen Sie den zeitlichen Arbeitsablauf für die Herstellung der Speisen und ggf. den Service. Verwenden Sie dazu die Vorlage im Anhang (→ Anhang Seite 211).

Wann?/ Zeitbedarf	Was?	Wer?	benötigte Arbeitsgeräte	Transport/ Präsentation	Weiterbehandlung	Geschirr, Besteck	Hinweise

3. Erstellen Sie eine Einkaufsliste und einen Einkaufsplan.

Nr.	Artikel, Bestellnummer	Bezugsquelle, Liefertag	Speise 1	Speise 2	Speise 3

Durchführen

1. Kalkulieren Sie den voraussichtlichen Büfettpreis pro Person.
2. Gestalten Sie eine Büfettkarte und Informationsschilder.
3. Stellen Sie die Speisen nach Arbeitsplan her und richten Sie das Büfett an.

Bewerten

Bewerten Sie die produzierten Speisen und den Arbeitsprozess.

Wiederholen

1. Lesen Sie die folgenden Worte jeweils von rechts nach links und ordnen Sie diese unten entsprechend zu.

ETSILSFUAKNIE – NEHCTEUT – NEREIRAP – SEHSID-GNIFAHC – ETRAKÜNEM – NEGOBSGNULIETRUEB – RELLETZTALP – ETTEIVRES – FRADEBLAIRETAM – RUTINRAG

Das Lösungswort erhalten Sie, indem Sie die markierten Stellen von oben nach unten lesen.

Bei dieser Tätigkeit wird Fleisch von Sehnen und Fett befreit.

Dekoration auf Platten, Tellern usw.

Hilfsmittel, um den Mund während und nach dem Essen „äußerlich" zu reinigen

Gerät, um Speisen am Büfett warm zu halten

Sie informiert die Gäste über die Speisenfolge

Er gibt an, welche Mengen jeweils bereitgestellt werden müssen

Sie wird benötigt, um bei den Lieferanten die benötigten Waren zu bestellen

Dieser Gegenstand wird bei besonders festlichen Menüs eingedeckt

Technik beim Plattenlegen

Ein Instrument, um die Qualität der Speisen und des Arbeitsprozesses zu bewerten

Lösungswort: ....

Sie stellt sicher, dass das vorgegebene Budget eingehalten werden kann.

2. Analysieren Sie folgenden Fall und leiten Sie mögliche Ursachen bzw. Verbesserungsvorschläge ab:

Situation	Mögliche Ursachen	Abhilfe/Verbesserungsvorschlag
Beim Auftragen des Büfetts stellen Sie fest, dass der Platz zu klein ist, um alle Speisen ansprechend zu präsentieren.		

Orientieren

Informieren

Name: .... **Klasse:** .... **Datum:** ....

Jens Witte hat an einem Seminar über Kunstdärme und Verpackungsmaterialien teilgenommen. Sein Meister bittet ihn, bei der nächsten Mitarbeiterbesprechung darüber in einem kurzen Vortrag zu berichten. Jens bereitet sich gewissenhaft darauf vor.

A Funktion einer Verpackung

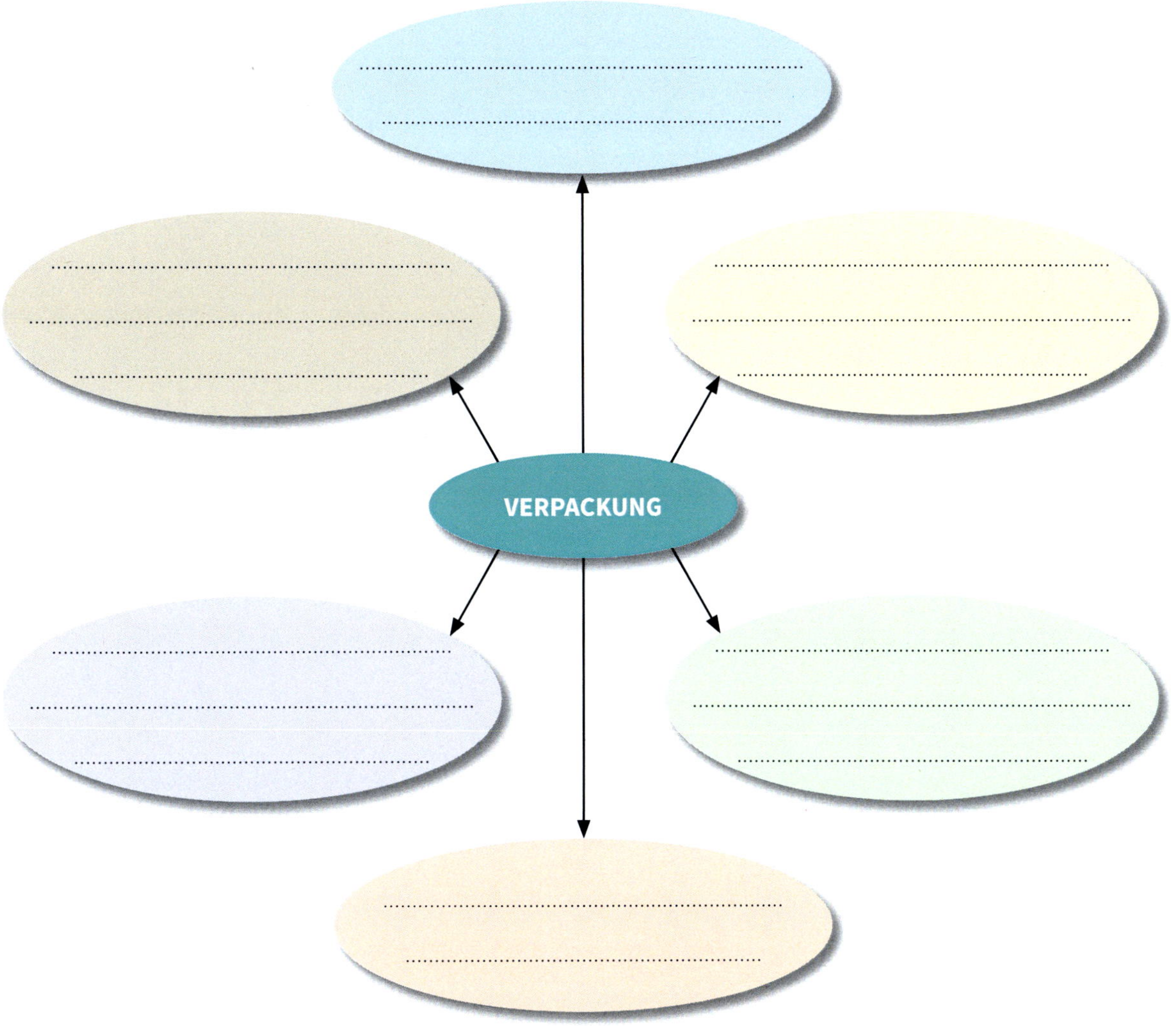

B Rechtliche Bestimmungen

Grundsatz

VERURSACHERPRINZIP

WER ....

MUSS ....

- entweder ....
- oder ....
- oder ....

zuführen.

Lebensmittelrechtliche Definitionen

Definition: Verpackung ist ....

....

....

Hüllen und Därme gelten dann als Lebensmittel, ...

....

....

....

....

Wursthäute gelten als ....

....

....

(→ Schülerbuch Seite 480 f.)

Verpackungsverordnung

Verpackungsarten	Beispiele, Erläuterungen
Verkaufs-verpackung	
Umverpackung/ Schutzverpackung	
Transport-verpackung	
Getränke-verpackung	
Mehrweg-verpackung	
Verbund-verpackung	

Name: Klasse: Datum:

C Verpackungsmethoden und Verpackungsmaterial

Methode	Material	Anwendung
Einschlagen		
Einfüllen 		
Vakuum-verpacken 	Sie sind: - -	Laden: Lieferung: Produktion: Handel:
Schutzgas-verpacken 		Selbstbedienungsbereich:
Menü-verpackung 		
Geschenk-verpackung 		

D Ausgewählte Produkte speziell verpacken

Produkt	Verpackung	Erläuterung
Frischfleisch	Schrumpffolie als Transportverpackung	Folien ziehen sich unter Wärmeeinfluss stark zusammen und legen sich dabei eng um das Fleischstück. Vorteile: ▸ .... ▸ .... ▸ ....
Edelfleischteile	....	Vorteile: ▸ .... ▸ .... ▸ ....
Frischwursterzeugnisse	....	Vorteile: ▸ .... ▸ ....
Küchenfertige Gerichte  	....	Beispiel: .... Vorteile: ▸ .... ▸ ....

E Werbeträger

Verpackungsmaterialien bieten zahlreiche Möglichkeiten für Werbung.

Beispiele für den Aufdruck:

- ....
- ....
- ....
- ....

Name: .... Klasse: .... Datum: ....

F Qualitätskontrollen

Lebensmittel in Fertigverpackungen unterliegen ....

Dies ist der Fall, wenn die Abgabe an Verbraucher erfolgt.
Dies sind:

- ....
- ....
- ....
- ....

G Verpackungsmaterial recyceln

Material	Wiederverwertung
Altpapier	....
Kartonagen	....
Kunststoffe	....
Glas	....
Weißblechdosen	....
Styropor	....
Aluminium	....

H Exkurs: Verpackung von Geschenken

Präsente müssen für den Transport in geeigneter Weise verpackt werden. Dabei sind die rechtlichen Bestimmungen, die zwischen verschiedenen Verpackungen unterscheiden, zu beachten.

Schutz-/Verkaufsverpackung, z. B.

....
....
....

Umverpackung, z. B.

....
....
....

Transportverpackung, z. B.

....
....
....
....
....
....
....
....

5 PRODUKTE SACHGEMÄSS UND VERKAUFSFÖRDERND VERPACKEN

Planen

Überlegen Sie sich eine originelle Geschenkverpackung für ein Geburtstagsgeschenk Ihrer besten Freundin/Ihres besten Freunds mit Produkten aus Ihrem Fleischerfachgeschäft.

Durchführen

Stellen Sie das Geburtstagsgeschenk her.

Bewerten

Vergleichen Sie die Geschenkideen Ihrer Mitschüler und vergeben Sie die ersten drei Siegerplätze.

Wiederholen

1. Für ein rustikales Brotzeitbrett werden folgende Materialien verwendet:

350 g Schwarzwälder Schinken	16,50 €/kg	
150 g Teewurst	10,50 €/kg	
500 g Tiroler Kochsalami	13,50 €/kg	
200 g Camembert	12,20 €/kg	
280 g Pfefferbeißer	10,80 €/kg	
Kosten für das Brotzeitbrett	1,40 €	
Kosten für Dekorationsmittel	2,90 €	
Arbeitszeit pauschal	3,00 €	

Berechnen Sie den Verkaufspreis für das Brotzeitbrett.

2. Für die Herstellung einer festlichen Schinkenplatte werden folgende Materialien verwendet:

Schinkenwaren:
480 g gekochter Schinken, 14,50 €/kg
660 g Schinkenspeck, 16,50 €/kg
460 g Serranoschinken, 22,50 €/kg
400 g Katenrauchschinken, 18,20 €/kg

Garnierung:
250 g Butterrosen, 500 g Butter kosten 3,00 €
50 Kiwibällchen, 1 Kiwi kostet 0,65 € u. ergibt 4 Bällchen
500 g Weintrauben, 1,0 kg kostet 3,50 €

Für das Legen der Platte und das Herstellen der Dekoration wird eine Arbeitszeit von 80 Minuten angesetzt. Die Arbeitsstunde wird mit 45,00 € berechnet.
Wie viel kostet die festliche Schinkenplatte, wenn die Transportverpackung in einer Styroporbox mit 5,00 € berechnet und die Lieferung als kostenloser Service gewährt wird?

Schinkenwaren	
Butterrosen	
Kiwibällchen	
Weintrauben	
Arbeitskosten/Transportverpackung	
Gesamt	

Kalkulation von Fleischzukauf

Tierart: ....

....

Preisberechnung

________ kg	Einkaufsgewicht	Einkaufspreis		€/kg	________	€
		Einkaufsgemeinkosten	______	€/kg	________	€
		Gestehungspreis			________	€
		Zerlegegemeinkosten	_____	€/kg	________	€
		Materialkosten der Hälften			________	€
		Vertriebsgemeinkosten	________	%	________	€
		Selbstkostenpreis			________	€
		Gewinn	________	%	________	€
		Nettoverkaufspreis			________	€
		Mehrwertsteuer	________	%	________	€
		Bruttoverkaufspreis der Hälften			________	€

Gewichtsberechnung

________ kg Knochen und Abschnitte ________ %

________ kg Muskelfleisch

________ kg Zerlegeverlust: ________ %

________ kg Verkaufsgewicht

Bruttoverkaufspreis pro Kilogramm ________ €/kg

Bewertung der Fleischteile

Fleischteil ____________________

Bewertungsaufschlag ________ %

Bewertungssatz ________ %

Bewertungsfaktor ________

Kilopreis ________ €/kg

Preis für ________ g ________ €

Kalkulation von Wurstwaren

Wurstart: ....

....

Gewicht	Material	Einzelpreis	Preis
kg			€
kg			€
kg			€
kg			€
kg			€
kg			€
kg			€
kg			€
kg			€
kg			€
kg			€

______ kg	Material (Gewicht und Preis)		______ €
	Fertigungskosten	______	______ €
	Herstellungspreis		______ €
	Vertriebsgemeinkosten	______ %	______ €
	Selbstkosten		______ €
______ kg	Herstellungsverluste ______ %		
______ kg	Fertiggewicht		
______ kg	Verkaufsverluste ______ %		
______ kg	Verkaufsgewicht		
	Selbstkosten pro kg		______ €
	Gewinn	______ %	______ €
	Nettoverkaufspreis		______ €
	Mehrwertsteuer	______ %	______ €
	Bruttoverkaufspreis pro kg		______ €
	Bruttoverkaufspreis für	______ g	______ €

Berechnungsbogen zur Rezeptkontrolle

Wurstsorte: .... Datum: ....

Analysenwerte laut Leitsätzen:

BEFFE mindestens: %
BEFFE im FE (chemisch) mindestens %
BE im FE (chemisch) höchstens %

Menge kg	**Materialart**	**Wasser**		**Fett**		**Fleischeiweiß**		**BEFFE**	
		%	**kg**	**%**	**kg**	**%**	**kg**	**%**	**kg**
	Zutaten								
	Materialgewicht		**kg**		**kg**		**kg**		**kg**
	Schwund in % **Verkaufsgewicht**								

Wasser: .... %
Fett: .... %
Fremdwasser: .... %

Fleischeiweiß (FE): .... %
BEFFE absolut: .... %
BEFFE vom FE: .... %
BE vom FE: .... %

Checkliste nach HACCP für die Herstellung von Wurstwaren

Wurstsorte: ....

Herstellungstag: ....

Entscheiden Sie im Herstellungsablauf, ob es sich bei den einzelnen Schritten um einen kritischen Kontrollpunkt (CCP) oder um andere Kontrollpunkte (CP) handelt.

Tragen Sie in die entsprechenden Spalten zu den einzelnen Schritten ihre kritischen Kontrollpunkte (CCP) oder normalen Kontrollpunkte (CP) mit den von Ihnen festgelegten Parametern ein.

Arbeitsschritte	Kritischer Kontrollpunkt CCP	Andere Kontrollpunkte CP
Materialauswahl		
Materialvorbereitung		
Herstellung		
Garen		
Räuchern		
Lagern		

Unterschrift durch die kontrollierende Person: ....

Bewertungsbogen: Verbale und nonverbale Kommunikation in Verkaufsgesprächen

Verkäufer/in: .... Datum: ....

sprachliche (verbale) Gesichtspunkte

• **Sprachniveau und Sprechweise**	Sprechweise	☐ abgehackt	☐ teils/teils	☐ fließend
	Aussprache	☐ undeutlich	☐ teils/teils	☐ deutlich
	Fachbegriffe	☐ viele	☐ teils/teils	☐ wenige
	Wiederholungen	☐ viele	☐ teils/teils	☐ wenige
	Negativformulierungen	☐ viele	☐ teils/teils	☐ wenige
	Sätze	☐ lang (viele Nebensätze)	☐ teils/teils	☐ kurze Hauptsätze
	Sätze	☐ unvollständig	☐ teils/teils	☐ vollständig
	Sätze	☐ Passivsätze	☐ teils/teils	☐ Aktivsätze
	Wortwahl dem Kunden angepasst	☐ nein	☐ teils/teils	☐ ja
	aktives Zuhören	☐ nein	☐ teils/teils	☐ ja
• **Fragetechnik**	Anteil an offenen Fragen	☐ zu niedrig	☐ zu hoch	☐ angemessen

paraverbale Signale

• **Stimme und Sprechtempo**	Lautstärke	☐ zu leise	☐ zu laut	☐ angemessen
	Stimmhöhe, -lage	☐ zu tief	☐ zu hoch	☐ angemessen
	Stimmführung	☐ zu bewegt	☐ zu monoton	☐ angemessen
	Sprechtempo	☐ zu schnell	☐ zu langsam	☐ angemessen
	Pausen	☐ zu viele	☐ keine	☐ angemessen

körpersprachliche Signale

• **Körperhaltung**	Oberkörper/Schultern	☐ hängend	☐ teils/teils	☐ gerade, aufrecht
	Kopf	☐ gesenkt	☐ teils/teils	☐ aufrecht
• **Mimik**	Augenkontakt	☐ kaum	☐ teils/teils	☐ oft genug
	Blick	☐ gleichgültig	☐ teils/teils	☐ aufmerksam
	freundliches Lächeln	☐ selten	☐ teils/teils	☐ häufig
	Gesichtsausdruck	☐ gelangweilt	☐ teils/teils	☐ interessiert/aufmerksam
	Gesichtsausdruck	☐ abweisend	☐ teils/teils	☐ freundlich
• **Gestik**	Anteil	☐ wenig	☐ teils/teils	☐ oft genug
	Arme/Hände	☐ schließend	☐ teils/teils	☐ offen
	Ware	☐ nicht beachtend	☐ teils/teils	☐ hinzeigend

Gesamteindruck: ....

....

Verbesserungsmöglichkeiten/Tipps: ....

....

Bestellformular I

(Muster)

Bestellung und Lieferschein für Veranstaltungsservice

Name und Adresse des Kunden: ____________________

Anlass: ____________________

Lieferdatum: ____________________

Lieferadresse: ____________________

Beginn der Veranstaltung: ____________________

Personenzahl: ____________________

(Erwachsene, Kinder, Vegetarier): ____________________

Platten-/Menü-/Büfettangebot ____________________

aus unserer Kundenmappe/ ____________________

Anmerkungen/Preis ____________________

____

Individuell zusammengestelltes Menü/Büfett:

Kalte/warme Vorspeise(n): ________	Suppe: ________	Süßspeise(-n): ________
Salat: ________	Dessing: ________	Käse: ________
Hauptgericht 1: ________	Soße/Beilage(n): ________	Sonstiges: ________
Hauptgericht 2: ________	Soße/Beilage(n): ________	________
Hauptgericht 3: ________	Soße/Beilage(n): ________	Preis pro Person: ________

- ☐ Butter
- ☐ bunte Auswahl an Partybrötchen
- ☐ Ciabatta
- ☐ französisches Weißbrot
- ☐ Schwarzbrot
- ☐ Vollkornbrot
- ☐ Mischbrot
- ☐ ________
- ________

- ☐ Kaffee mit Kaffeesahne und Zucker 0,70 € je Tasse

Lieferung/Abholung der Speisen und des Zusatzbedarfs sind im Umkreis von 10 km im Menü-/Büfettpreis enthalten.

- ☐ 10–20 km 25,00 € je Fahrt
- ☐ über 20 km 30,00 € je Fahrt

Bestellformular II

Getränke (auf Kommission, d. h., es wird nur der tatsächliche Verbrauch abgerechnet)

	Alkoholische Getränke:	€	je		Antialkoholische Getränke (Flaschen):	€	je
____ ☐	Fassbier	1,95	1 l	____ ☐	Flaschenbier, alkoholfrei	0,95	0,5 l
____ ☐	Flaschenbiere	0,95	0,5 l	____ ☐	Mineralwasser	0,50	0,25 l
____ ☐	Weizenbiere	1,05	0,5 l	____ ☐	Mineralwasser	1,05	0,7 l
____ ☐	Pils	0,99	0,33 l	____ ☐	Cola, Limonade, usw.	0,80	0,2 l
____ ☐	Rotwein, Q.b.A	7,80	0,7 l	____ ☐	Cola, Limonade, usw., Flasche	2,00	1,5 l
____ ☐	Weißwein, Q.b.A	7,50	0,7 l	____ ☐	Orangensaft, Apfelsaft	0,80	0,2 l
____ ☐	Sekt	8,00	0,7 l	____ ☐	Orangensaft, Apfelsaft	2,00	0,7 l

Geschirrverleih Leihgebühr: 0,38 €/Stück
bei gereinigter Rückgabe: 0,28 €/Stück

☐ Besteck und Vorleger ☐ Suppentassen ☐ Kaffeegeschirr
☐ Teller ☐ Dessertschalen ☐ Trinkgläser

Tisch-wäsche/ Servietten

______ m Lack-Tischdecken (Farbe: ______) 2,80 € /m
______ m Vlies-Tischdecken (Farbe: ______) 1,80 € /m
______ m Tischbänder (Farbe: ______) 0,50 € /m
______ Stück Vlies-Servietten (Farbe: ______) 0,08 €/St.

____ Stück Stofftischdecken, weiß, rund oder eckig, inkl. Reinigung 9,00 € /St.
____ Stück Vlies-Servietten mit unserem Firmenaufdruck – ohne Berechnung

Personal/ Service

Büfett- und Abräumservice: ______ Personen je 22 €/Stunde, von ______ bis voraussichtlich ______ Uhr
Ausschankservice: ______ Personen je 22 €/Stunde, von ______ bis voraussichtlich ______ Uhr

Eindecken und Dekoration durch Servicepersonal ☐ der Büfetttische ☐ der Gästetische

____ St. Blumenschmuck 15,00 € je Gesteck Sonstiges: ______________________

Sonstiger Zusatzbedarf/ Leihgebühren

____	Bierzapfanlage mit Zubehör	45,00 €/St.	____	Festzeltgarnituren (Tisch, 2 Bänke)	16,00 €/St.
____	Zapftheke mit Spüle	40,00 €/St.	____	Gastronomie-Kaffeemaschine	10,00 €/St.
____	Stehtische	6,00 €/St.	____	elektr. Kaffee-Warmhaltebehälter (10 l)	10,00 €/St.

Alle Preise enthalten die gesetzliche MwSt. Für die leihweise zur Verfügung gestellten Ausrüstungsgegenstände wie Warmhaltegeräte, Geschirr und Dekorationen haftet bei Bruch, Beschädigung oder Verlust der Auftraggeber. Fehlmengen gehen zulasten des Mieters.

Wir bedanken uns sehr herzlich für Ihren Auftrag.

Ort, Datum

______________________ ______________________
Auftragnehmer Auftraggeber

Lieferung ist ordnungsgemäß erfolgt.

____
Datum, Unterschrift des Auftragsgebers

Beurteilungsbogen

Beurteilungsschlüssel
1 = sehr gut; 2 = gut; 3 = befriedigend; 4 = ausreichend; 5 = mangelhaft; 6 = ungenügend

Bewertung der hergestellten Speisen (Produktbewertung)

Speisen	Aussehen/ Präsentation	Farbe	Geruch	Geschmack	Konsistenz	Gesamturteil	ggf. Verbesserungs-vorschlag

Bewertung der Arbeitsprozesse

	Gesamturteil	Verbesserungsmöglichkeiten
Material-, Einkaufsplanung		
Einkaufsorganisation		
Arbeitsplanung		
Herstellungsablauf/HACCP		
Lieferung und Aufbau		
Dekoration (Raum/Büfett)		
Anordnung am Büfetttisch		
Zusammenarbeit im Team		
Umgang/Kommunikation mit dem Kunden		
Gesamtbeurteilung		

Muster für einen Arbeits- und Ablaufplan

Wann?/ Zeitbedarf	Was?	Wer?	Benötigte Arbeitsgeräte	Transport/ Präsentation	Weiterbehandlung	Geschirr, Besteck	Hinweise

BILDQUELLENVERZEICHNIS

Umschlagfoto

Deutscher Fleischerverband e. V. (DFV), Frankfurt am Main

Bilder

Bartscher GmbH, Salzkotten: 110.1-3, 113.2, 191.1;

Druwe & Polastri, Cremlingen/Weddel: 20 alle, 21.1-5, 35.1, 37.1-6, 199.2-4, 200.1;

Europäische Union, Brüssel: 150 alle

FOTODESIGN – HEINZ HEFELE, Darmstadt: 155, 199.5;

fotolia.com, New York: 23.1 (JC DRAPIER), 24.1 (Martina Berg), 29.1 (Mara Zemgaliete), 29.2 (Lsantilli), 32.2 (Pavlo Kucherov), 32.3 (exclusive-design), 71. 1 Fotolia (photocrew), 71.2 Fotolia (ExQuisine), 71.4 (pixagentur), 72.2 (Malyshchyts Viktar), 72.3 (Viktor), 72.4 (Sergey Rusakov), 72.5 (volff), 72.6 (Barbara Pheby), 72. 7 (Schlierner), 89 (photocrew), 93.2 Fotolia (svetamart), 93.3 Fotolia (manulito), 93.4 Fotolia (Barbara Pheby), 93.5 Fotolia (Barbara Pheby), 103.1-2 (Barbara Pheby), 104 (Barbara Pheby), 115.1 (countrypixel), 115.2 (st-fotograf), 117 (Martin Rettenberger), 120 (olegmalyshev), 127.1 (fineart-collection), 127.3 (delmo07), 127.4 (emer), 129.1 (berner51), 129.2 (Michael Fritzen), 129.3 (Countrypixel), 129.4 (Patrick Daxenbichler), 130.1 (chrisdorney), 130.2 (Igor Dolgopiatov), 130.3 (JC DRAPIER), 130.4 (Steve Oehlenschlager), 130.5 (maunzel), 144 (Carmen Steiner), 145 (Thomas Francois), 146 (kab-vision), 149 (Maksim Toome), 194 (maranso);

FotoNatur.de, Ostenfeld: 23.2;

FRUTAROM Savory Solutions GmbH, Salzburg: 90.1-2;

Grum, Hans, Rothenburg/Tauber: 95.1-2, 101.2, 101.4, 113.1;

Hermann Foto Design, Filderstadt: 24.2;

Käsweber, Maria, Leutershausen: 190.1-2, 201.1-2;

plainpicture, Hamburg: 175, 199.1;

Rees, Peter, Brühl: 47, 71.3, 85.1, 93.1;

Shutterstock.com, New York: 127.6 (sonnee101), 127.5 (Tim Belyk), 127.2 (Bildagentur Zoonar GmbH);

StockFood GmbH, München: 72.1 (Peter Rees), 121 (L. Ellert);

Ulrich, Angelika M.A., Hannover: 56 alle;

Grafiken/Zeichnungen

Galas, Elisabeth, Bad Breisig: 136.3;

Hild, Claudia, Angelburg: 19, 24.3, 31, 32.1, 34, 36, 180, 189, 192, 193, 208, 209;

illuvision, Erftstadt: 163, 164.1-2, 166.1, 167.1-2, 171, 173;

Sins, Claude, Stuttgart: 10.3-4;

Alle weiteren Abbildungen stammen von PER Medien+Marketing GmbH, Braunschweig